la Grèce

SOMMAIRE

Les textes sont de **Jean Riverain** - Passé ; **Marc Marceau** - Présent ; **Maurice Rat** - Grandes Étapes et Littérature ; **Mimika Kranaki** - Vie quotidienne ; **Jacques Lacarrière** - Traditions ; **Henri-Paul Eydoux** - Art ; **André Gauthier** - Musique ; **Maurice Barrois** - Vacances.

COLLECTION DIRIGÉE PAR DANIEL MOREAU

Photographies de la couverture (de haut en bas) : port d'Hydra ; profil de l'Apollon de Piombino ; colonnes des Propylées, à Athènes ; jeune femme crétoise en costume traditionnel.

Pages de garde : I. Théâtre d'Epidaure ; 2. Escalier à Santorin.

MONDE ET VOYAGES

la Grèce

LIBRAIRIE LAROUSSE, PARIS - VIᵉ

LE RELIEF

La Grèce, d'une superficie de 132 500 km², est faite de régions aux côtes découpées et de nombreuses îles. Au nord de la mer Egée, la Thrace et la Macédoine prolongent le massif de Rhodope; la Thessalie, avec ses plaines entourées de montagnes — dont l'Olympe, le point culminant de la Grèce (2 985 m) — et ses collines qui encadrent le golfe de Volos, offre souvent l'aspect de steppes desséchées et poussiéreuses. Les régions ouest, Macédoine occidentale et Epire, doivent leurs caractères à une série de chaînes de montagnes parallèles à la côte et qui tombent de façon abrupte sur la mer. La Grèce centrale et le Péloponnèse font pénétrer au cœur du paysage classique grec : mer et terre se mélangent étroitement. La multitude des montagnes, la variété des roches et la dispersion des petites plaines donnent l'impression de paysages perpétuellement changeants. Les îles, par leur structure, se rattachent étroitement au continent : elles sont les sommets de chaînes de montagnes qui réunissaient la péninsule balkanique à l'Asie Mineure et que l'effondrement de la mer Egée a en partie englouties. Entre elles se sont creusées des fosses profondes.

Les derniers épisodes de l'histoire géologique du pays sont tout récents : le sol du monde égéen en garde une grande instabilité qui se manifeste par de fréquents tremblements de terre. Un volcan est toujours en activité, celui de Santorin, l'antique Thêra.

LES FLEUVES

Seules les rivières des régions ouest (Epire, Etolie, Arcanie) et celles de Thessalie, au nord, roulent des eaux abondantes et ont pu être aménagées. Ailleurs, il n'y a guère que de maigres cours d'eau, rivières indigentes et torrentielles se frayant un chemin dans des gorges étroites. Leur débit est irrégulier, et leurs eaux boueuses.

Par contre, les eaux de ruissellement s'accumulent au fond des cuvettes, d'où elles s'échappent non par des vallées, mais par des gouffres creusés dans les roches perméables, les « khatavothres ». Si ces galeries souterraines s'obstruent, il peut en résulter la formation d'un lac, comme le lac Stymphale, dans le Péloponnèse.

LE CLIMAT

Le climat est dans l'ensemble de type méditerranéen — l'isotherme de 27 °C en juillet traverse le Péloponnèse; celle de 25 °C passe au nord de la Macédoine. En janvier, les températures moyennes dépassent 4 °C dans cette dernière région et atteignent 10 °C au sud. L'été est partout très sec. Mais la Thrace et la Macédoine connaissent des vagues de froid sous l'influence des vents venus du nord. L'intérieur du continent et même le Péloponnèse sont plus froids l'hiver, et les bassins sont très arides l'été. Les pluies sont rares, plus abondantes à l'ouest qu'à l'est, et certaines ont un caractère torrentiel extrêmement violent.

L'hiver commence à la mi-décembre, mais il est d'une durée limitée; le printemps donne lieu à une brillante floraison, mais, dès le mois de mai, l'été arrive et brûle tout. L'automne prolonge la saison estivale grâce aux vents du sud, mais au mois de novembre commencent les pluies annonciatrices de l'hiver.

LA VÉGÉTATION

Les bassins de l'Est sont couverts d'une végétation naturelle de type steppique. Partout ailleurs, et particulièrement le long des côtes et dans les îles, se développe une végétation typiquement méditerranéenne : forêts de conifères et de chênes verts, maquis et formation d'arbustes épineux. Le bas des pentes et les plaines sont le domaine de la vigne, de l'olivier, du mûrier et des arbres fruitiers.

Dans les Cyclades, où les arbres sont rares, l'homme doit surtout retenir la terre à l'aide de terrasses. Les îles Ioniennes, par contre, et les grandes îles comme Mytilène, Chio, Rhodes et surtout la Crète ont des plaines fertiles et sont admirablement cultivées.

LA POPULATION

La Grèce, avec 8 800 000 habitants, a une densité de population qui s'élève à 63,6 hab./km²; c'est l'une des plus fortes du monde méditerranéen. L'accroissement a été très rapide au cours du siècle dernier, puisque, dans les limites de la Grèce de 1830, la densité n'atteignait pas 15 hab./km². Les taux de natalité sont parmi les plus élevés d'Europe. D'autre part, en 1923, après la guerre contre la Turquie, plus de 1 million de Grecs ont été rapatriés. Cette augmentation constante de la population et l'insuffisance des ressources ont provoqué une importante émigration vers les autres Etats méditerranéens.

Le peuple grec est un peuple très homogène : la presque totalité de la population parle le grec et professe la religion orthodoxe.

LES GRANDES VILLES	
Athènes	867 000 hab. (2 101 100 avec les faubourgs).
Thessalonique	557 360 hab.
Le Pirée	500 000 —
Patras	120 800 —
Volos	88 000 —
Candie	64 100 —
Larissa	55 700 —
Cavalla	44 100 —

Le présent volume appartient à la dernière édition (revue et corrigée) de cet ouvrage. La date du copyright mentionnée ci-dessous ne concerne que le dépôt à Washington de la première édition.

© 1966. — Librairie Larousse, Paris.

Librairie Larousse (Canada) limitée, propriétaire pour le Canada des droits d'auteur et des marques de commerce Larousse. — Distributeur exclusif au Canada : les Editions Françaises Inc., licencié quant aux droits d'auteur et usager inscrit des marques pour le Canada.

ISBN 2-03-053105-7

paysages

**OLIVIERS DE LA PLAINE
SACRÉE DE DELPHES**

« Arbre inégalé,
Arbre inaltérable,
Olivier blond, terreur des ennemis,
Qui sans cesse surgit, ressurgit,
Feuilles de tes yeux verts, Athéna,
Œil de ton œil, ô Zeus... »

Sophocle

Les paysages

ILE DE PATMOS (Dodécanèse)

« Que pèsent le sein d'Abraham et les spectres immatériels du paradis chrétien, au regard de cette éternité grecque faite d'eau, de rochers et de vent frais? »

Kazantzakis

ILE DE COS
(Dodécanèse)

« Dans les plaines au cœur ouvert Nous verrons renaître le monde. »

Elytis

ILE DE SANTORIN (Cyclades)

« Ici nous avons jeté l'ancre   La mer qui nous a meurtris,
Pour réparer nos rames brisées,   La mer profonde et insondable
Nous désaltérer et dormir.   Déploie son calme sans limite. »

Séféris

KITHIRA
(île de Cythère)

« Ce qui allège les montagnes, les villages, la terre de Grèce, c'est la lumière. »

Kazantzakis

CAP SOUNION :
temple de Poséidon

« ... Soudain, comme je sortais de la pinède, je vis les colonnes blanches du temple de Poséidon et entre elles, étincelante, bleu sombre, la mer sacrée. Voilà la Beauté, pensai-je, la Victoire sans ailes, le sommet de la joie. Voilà la Grèce. »

Kazantzakis

LANGADHIA (Péloponnèse)
PARGA (Épire)

« Nous qui n'avions rien leur enseignerons la paix... »

Séféris

KRITSA (Crète) :
église de la Panaghia

« Que mes pensées
jaillissent
droites et hautes
Comme un cyprès
dressé dans
la sainte solitude! »

Sikélianos

ILE DE MYKONOS
(Cyclades

« Moulins sur les sommets
blancheur de leurs voyages
La vie se mesure
à ses vibrations... »

Elyti

FEMMES BRODANT

« Elles se penchent sur leurs tissus et brodent les motifs traditionnels — petits cyprès, croix, œillets ou petites roses de soie
rouge. Et un sourire vous prend quand elles étendent devant
vous ces broderies, comme si elles vous montraient leur dot. »

Kazantzakis

AU PIED DES MÉTÉORES

« Elle sait, dans les étables, faire
croître le bétail, les troupeaux de
bœufs, les vastes enclos de chèvres,
les colonnes de brebis laineuses... »

Hésiode

PRINIAS (Crète)

« ... Sur les pentes, les taches vertes des feuillages, les étendues ocre et bistre des labours, les rocs couleur de muraille, les cyprès se balançant avec des grâces d'adolescent... O Crète bienheureuse, Crète aimée! »

Prévélakis

TRIKKÉRI (Thessalie)

« Il y a la mer — et qui l'épuisera? — la mer qui sans cesse nourrit et multiplie les germes de la pourpre, une pourpre infinie pour teindre nos étoffes... »

Eschyle

PSYCHRO (Crète)

« Femmes des montagnes, bergères ou paysannes d'allure modeste, la plupart coiffées d'un fichu noir, les vêtements serrés par une ceinture comme les hommes. »

Prévélakis

14

ILE DE KÉA (Cyclades)

« Que je m'arrête ici! Et qu'à mon tour je contemple
un peu la nature! Belles couleurs bleues de la mer
matinale et du ciel sans nuages, sables jaunes... »

Cavafy

SIATITSA (Macédoine)

« Je ne sais pas grand-chose sur les maisons.
Je sais qu'elles ont leur caractère, voilà tout.
Neuves au début, comme les petits enfants
Qui jouent dans les jardins avec les franges du soleil,
Elles brodent des persiennes de couleur et des portes
étincelantes sur le jour. »

Séféris

ESCALIER A ZÉA (Cyclades)

« Ici règne
la nudité,
Ici l'ombre
est un rêve... »

Palamas

BASILIQUE DE TINOS (Cyclades)

« O Vierge nourricière,
Reine des anges,
Source de vie,
Rose inflétrissable,
Maîtresse des flots,
Lionne dorée,
Porteuse de joie... »

Hymne à la Vierge

ILE DE POROS (Attique)

« Souhaite que le chemin soit long, que nombreux
soient les matins d'été où (avec quelles délices) tu
pénétreras dans des ports vus pour la première fois... »

Cavafy

ILE DE SKYROS (Sporades)

« Iles de la mer Égée,
Savoureuses, parfumées de musc,
Terres heureuses où régnaient
le calme et la joie... »

Kalvos

OÏA (île de Santorin)

« En ce pays qui s'est brisé,
qui ne résiste plus,
En ce pays qui jadis fut le nôtre,
Les îles s'engloutissent, rouille et cendres. »

Séféris

SOMMET DE L'OLYMPE

« Un son léger s'élevait sur leurs pas, tandis qu'elles allaient vers Zeus le Père, qui règne sur l'Olympe, qui tient en main le tonnerre et la foudre... »

Hésiode

▸

SKYROS :
scène de moisson

« ... Et l'homme tourmente l'auguste déesse, la Terre éternelle, infatigable, avec ses charrues qui, chaque année, la sillonnent sans répit... »

Sophocle

Poséidon
sur son char.

Le passé

Les premiers habitants de la Grèce semblent avoir été ces peuplades descendues des grandes plaines indo-européennes et invinciblement attirées par le soleil du Sud : les Achéens.

Ces Barbares amènent avec eux une société féodale et rude. Ils s'établissent non seulement dans la Grèce proprement dite, cette péninsule aux dentelures de feuille morte, mais aussi sur l'autre rive de la mer Egée, façade orientale de l'Asie Mineure, et qui, plus encore que l'Hellade, peut être dite le berceau de la civilisation hellénique.

Les poèmes homériques, qui nous renseignent sur cette période dans le langage chiffré de la légende, de même que les fouilles de l'Allemand Schliemann, par lesquelles les épisodes de l'*Iliade* se trouvent confirmés, ont valu à la civilisation achéenne d'être nommée *mycénienne*, du nom de Mycènes, la plus illustre cité de l'Argolide. La civilisation achéenne est double, pareille à une médaille dont une face serait asiatique et l'autre méditerranéenne. Voici — face asiatique — l'Achéen aux cheveux flottants, debout

sur son char de guerre, bardé de cuir comme un Scythe, chassant l'ours avec la lance, déposant ses morts dans de formidables tombes à coupole, timide devant l'étendue marine ; mais le voici encore, sur l'autre face, tel que les vases archaïques nous montrent Ulysse, à la barbe noire et phénicienne, familier avec les îles, les rivages de l'Egypte, vivant dans la compagnie des dieux, qui ne sont pas les dieux gourds et muets du Danube ou du pays de l'ambre, mais vifs, bavards, humains, membres de cette grande famille mythologique qui a pris place sur les bords de la Méditerranée comme autour d'une table de banquet.

LA CRÈTE ÉDUCATRICE

Une île, entre autres îles, fut pour les Hellènes ce qu'a été l'Etrurie pour Rome, une éducatrice. Lorsque les Achéens s'arrêtent au bord de la « mer violette », ils peuvent s'émerveiller de ces

navires aux voiles pourpres et qui, parfois, jetant l'ancre, laissent débarquer des hommes demi-nus, mais ornés de joyaux, vifs, rieurs, et qui semblent avoir soumis, pour leurs navigations commerciales, les vents capricieux.

Il y a soixante ans, on ne connaissait à peu près rien de la Crète. Et puis, en 1898, un Anglais, Arthur Evans, s'attaqua au site de Cnossos, l'ancienne capitale de l'île, et remua la terre, le roc, pendant vingt-cinq ans. Avec stupeur, le monde put voir surgir de ce sol un palais, le légendaire palais de Minos, dont l'agencement compliqué et bizarre faisait penser au fameux Labyrinthe, et, auprès de ce palais, une ville, fort petite, mais cyclopéenne par l'épaisseur des murailles, la largeur des pavés, la voûte des égouts... Autre surprise, le style si particulier de quelques fresques mises au jour. En ce Cnossos, évocateur de mythes cruels, comme celui du Minotaure, dévoreur de jeunes gens, ces peintures se montrent en-

A gauche : départ du guerrier (l'hoplite) pour la guerre.

Ci-dessus : Achille et Ajax jouant aux dés.

A gauche : « Régates », coupe de Nicosthène.

Ci-dessus : guerriers au combat.

jouées, assez dans le style 1930 de Montparnasse. Un Baudelaire les eût rattachées à l'art de la « modernité ». L'un de ces profils féminins, au nez en l'air et aux yeux faits, n'a-t-il pas mérité le nom de « Parisienne », et ce prince empanaché ne fait-il pas penser à un danseur des *Indes galantes*? Quant à ces toréadors aux prises avec une bête magnifique, c'est avec un entrain rieur qu'on les voit jeter leurs banderilles. Rien, là encore, qui évoque quelque rite sanglant. Nul doute que les Crétois n'aient eu le goût et l'art de vivre, et le raffinement, et la prospérité. Les Achéens pouvaient-ils choisir meilleurs maîtres ?

LA DIASPORA

Les archéologues ont constaté qu'au début du XIIe siècle av. J.-C. tous les sites mycéniens semblent avoir été ravagés par un incendie. Il faut voir là les traces d'une nouvelle invasion, celle des Doriens, bientôt suivis des Ioniens et des Eoliens, autant de peuplades descendues du Danube.
Tandis que les Doriens s'installent dans presque tout le Péloponnèse (où ils feront surgir la célèbre Sparte), les Ioniens préfèrent l'Attique (dont la capitale sera Athènes). Quant aux Eoliens, au nord, ils peupleront la Thessalie, la Béotie ; leur métropole sera Thèbes.

C'est ainsi que commence une période d'attente, de maturation, qu'on a nommée le Moyen Age hellénique et qu'on date conventionnellement du XIIe au VIIIe siècle av. J.-C.
Diaspora signifie « dispersion », et ce terme s'applique aux Hellènes tout aussi légitimement qu'aux Juifs. Tandis que les Romains ne quittent jamais leur patrie qu'avec des gémissements, l'expatriation est pour les Grecs un état naturel. C'est ainsi qu'en ce Moyen Age hellénique on assiste à une constante émigration des Hellènes vers les îles de l'Egée et les côtes de l'Asie Mineure. Parmi les premiers émigrants se trouvent des Achéens fuyant

Le passé

l'invasion dorienne, puis des Doriens à la recherche de moyens d'existence plus profitables que ceux qu'ils trouvaient dans la péninsule.

Il semble que ces déplacements ne se soient pas accomplis dans le désordre, mais suivant une sorte de rituel et conformément aux institutions naissantes de la « cité », cette petite patrie à laquelle le Grec reste attaché jusqu'à sa mort tout comme le Suisse à son canton. Aux colons en partance un chef est donné : l' « œkiste », à la fois chef temporel et spirituel. C'est lui qui va consulter l'oracle de Delphes sur les chances de l'expédition. De ce haut lieu de la religion grecque, il rapporte le feu sacré, qu'on entretiendra pieusement sur le navire, qu'on portera jusqu'au lieu d'installation de la colonie et qui continuera de luire au pied de la statue d'un dieu, le dieu le plus représentatif de la cité mère.

Toutes les cités grecques ne sont pas également colonisatrices. On cite, parmi les plus actives, Erétrie et Chalcis (dans l'île d'Eubée), Corinthe, Mégare, et il arrive que certaines colonies deviennent à leur tour un foyer de colonisation, comme Milet et Phocée, en Asie Mineure, qui multiplient les fondations, l'une dans l'extrême Nord-Est, jusqu'aux frontières de la Scythie, l'autre dans l'extrême Occident; Phocée est la fondatrice de Marseille.

LA CITÉ

A l'origine de la cité, nous trouvons l'état le plus naturel pour une population primitive et le plus répandu, celui du groupe familial, s'accroissant de génération en génération et formant le *genos* (ensemble des descendants d'un même aïeul). Les terres, les bâtiments, les troupeaux sont mis en commun. Un chef : l'ancêtre le plus âgé, mais aussi le plus digne par son autorité, ses vertus, son savoir-faire. Type de ce chef de *genê*, Ulysse, à la fois cultivateur, homme de guerre, prêtre, géographe, pêcheur, tout aussi capable de laver son linge que de faire le point par l'observation des astres.

Plusieurs *genê* s'allient, et c'est une « phratrie »; plusieurs phratries donnent une « tribu ». Ainsi naît la « cité », avec sa muraille percée d'une ou deux portes, sa place pour les palabres, ou *agora*, un petit temple, un faubourg, qui, souvent, s'égrène au-delà des murailles et d'où l'on ne chasse point les étrangers à la tribu, dont l'art est

nécessaire : artisans, marchands, mercenaires. L'ancêtre est devenu le « roi », entouré d'un conseil d'anciens, qu'il convoque à l'agora. La cité apparaît ainsi dès l'origine non comme une monarchie autoritaire, mais comme une communauté de citoyens indépendants, souveraine sur ceux qui la composent, communauté cimentée par des lois et des cultes.

Il n'est de vraie patrie pour le Grec que la cité. On n'assistera jamais en Grèce à une fédération librement consentie des cités, comme en Suisse, par exemple. Les cités ne s'uniront que devant un péril commun pour retrouver ensuite leur autonomie.

Et cependant — là est peut-être le plus frappant des « miracles grecs » —, entre ces cités dispersées, rivales, si souvent en guerre les unes contre les autres, un « esprit » grec, commun à toutes, s'impose comme de lui-même et crée, en dépit de ces divisions, cette manière d'être, de penser, de bâtir, de prier, de parler et d'écrire particulière aux Grecs, et qui, sous le nom d' « hellénisme », représentera l'une des civilisations les plus universelles et les plus tenaces qui soient.

LE CIMENT RELIGIEUX

« Le plus beau jour du Grec, à l'âge où la mémoire s'empreint si fortement des grandes choses, c'était celui où il pouvait se joindre aux théories sacrées qu'on envoyait à Delphes se mêler à la foule. Cette foule même était le plus grand spectacle du monde. Douze peuples à la fois, de toutes les parties de la Grèce, des villes même ennemies, marchaient pacifiés, couronnés du laurier d'Apollon, et, chantant des hymnes, montaient vers la montagne sainte du dieu de l'harmonie, de la lumière et de la paix... »

Michelet a bien montré dans sa *Bible de l'humanité* le rôle unificateur de la religion grecque, en dépit du nombre de ses dieux, dont les cités se disputent le patronage. Aux yeux du Grec il y a un « centre du monde », et ce centre est Delphes, au pied du Parnasse, véritable agora pour le peuple des dieux, où chacun a son sanctuaire. Et, ici, tout converge vers cette divinité supérieure, Apollon, qui n'est que lumière pour la matière et pour l'esprit.

Revenu dans sa province après le pèlerinage de Delphes, le jeune Grec dont nous parle Michelet retrouve le dieu protecteur de son foyer, de sa cité, ainsi Athéna s'il est d'Athènes, Hermès s'il est de Corinthe. La vieille mythologie est le plus fort ciment de la cité antique.

Sous le nom de « piété », patriotisme et civisme sont confondus. L'un ne va pas sans l'autre. Socrate, en contredisant au nom de la raison les superstitions traditionnelles, commet le crime d'impiété et en perd la vie. D'autres esprits forts, comme Anaxagore, Diagoras, Protagoras, Euripide, subissent pour le même motif les foudres de la justice ou ses persécutions. Là, la fameuse « raison grecque » se doit d'abdiquer si elle veut rester grecque.

LE MIRACLE GREC

Ce qu'on nomme le « miracle grec », c'est-à-dire l'éveil de l'intelligence rationnelle, phénomène absolument nouveau dans l'histoire du monde, ce n'est pas en Grèce même qu'il se manifeste

Le retour du guerrier.

d'abord, mais bien loin d'elle, sur la côte de l'Asie Mineure, à Milet.

Comme on l'a vu, de nombreux Grecs se sont réfugiés sur cette côte, particulièrement favorable au commerce. La plus prospère de ces colonies est celle de Milet, « ornement de l'Ionie », point d'arrivée des caravanes de la Perse, dotée de quatre ports bien abrités. Ses industries de tapis et d'étoffes deviennent célèbres. Grâce à sa flotte, elle peut essaimer tout au long de la mer Noire, où s'égrènent ses quatre-vingts comptoirs. Milet ose se proclamer le « centre du monde », l'homologue de Delphes. Auprès des Grecs du continent, elle passe pour une cité voluptueuse, décadente. En réalité, elle brille tout autant dans les œuvres de l'esprit que dans les affaires. Alors qu'Athènes n'est encore qu'une bourgade, Milet se

Ci-dessus : le cheval de Troie, peinture d'après un vase grec.

A gauche : un soldat monte sur son char.

Athlétisme chez les Grecs : le disque, le javelot et le saut, d'après un vase grec.

donne une monnaie recherchée, invente un nouveau style d'architecture, tire du marbre des sculptures que Phidias regardera comme des modèles, crée la science géographique. Le premier, Anaximandre de Milet, au début du VIe siècle, conçoit la masse terrestre comme suspendue librement dans l'espace. Il est vrai qu'il ne lui donne pas encore la forme d'une sphère, mais celle d'un tambour !

Le plus ancien traité de géographie descriptive est dû à un autre Milésien, Hécatée (vers 520), surnommé le « Père de la géographie » ; son *Periodos*, ou *Voyage autour du monde*, consiste en une énumération des villes, des peuples, des sites connus de lui, avec de courtes notices descriptives sur chacun d'eux. La Grèce de Milet connaît plus de choses sur le monde que n'en connaît l'Egypte — étrangement bornée dans ce domaine — sur son propre territoire. Une carte dressée d'après le *Periodos* nous montre l'Europe et l'Afrique pareilles aux deux parties d'une mâchoire qui se rejoindraient sur les colonnes d'Hercule, et dont les articulations se situeraient aux confins des Indes.

Autres lieux où la Grèce prépare le grand siècle de sa maturité : l'Italie du Sud et la Sicile. En trois journées, n'importe quel voilier peut, par vent d'est, passer du Péloponnèse en Œnotrie (Italie), aux plaines fertiles. Là, Sparte fonde Tarente, et Corinthe Syracuse. On a comparé cette colonie italienne, dite « Grande-Grèce », aux Etats-Unis d'Amérique. Il est certain que, comme les immigrants débarqués dans le Nouveau Monde, les Grecs d'Italie ont édifié de rapides fortunes, méprisé bientôt leurs compatriotes demeurés sur la rude terre grecque, et manifesté leur goût du colossal. Leurs temples nous frappent par leur énormité. Ainsi celui de Poséidonia (Paestum), ville pourtant de modeste importance, dépasse par ses dimensions les plus importants de la Grèce.

Mais, comme à Milet, la Grande-Grèce donne aussi des savants et des philosophes. C'est là que Pythagore, né à Samos, se fixe. Le vrai couvent laïque qu'il fonde à Crotone, où des célibataires vivent en communauté pour se consacrer tout entiers à la philosophie, c'est-à-dire à l' « effort vers la sagesse », jette les bases d'une science née de l'observation, de l'expérience et de la raison. On connaît mal les résultats positifs de l'école de Pythagore, mais les philosophes des époques ultérieures, Platon et Aristote, en font grand cas. On remarquera que, dans l'histoire grecque, les progrès de l'esprit vont de pair avec ceux du commerce. On a souvent loué le Grec pour son intelligence. On ne le loue pas assez pour ses dons d'homme d'affaires, qui ont rendu, à tout prendre, autant de services à l'humanité.

DEUX RIVALES : SPARTE ET ATHÈNES

Les ruines actuelles de Sparte, dans la vallée de l'Eurotas, font penser à la prédiction de Thucydide : « Si, quelque jour, Lacédémone était dévastée et qu'il n'en restât que les sanctuaires, les fondations des édifices publics, la postérité, dans un avenir éloigné, aurait

Le passé

peine à croire que sa puissance ait répondu à sa renommée... »

Tandis qu'Athènes a laissé l'Acropole, bien d'autres monuments, des milliers de statues éparses dans les musées du monde, et toute une littérature, Sparte ne nous a légué que son histoire, souvent embellie, sublimée, comme l'est toute histoire grecque.

On sait qu'à l'origine les Spartiates (des Doriens) ont manifesté leur valeur militaire en s'imposant dans la Messénie et en écrasant sans ménagement une révolte des peuples qu'ils avaient soumis. Désormais, c'est-à-dire à partir du VIIe siècle av. J.-C., ils n'ont d'autre préoccupation que militaire. Dès l'âge de sept ans et jusqu'à soixante ans, le Spartiate vit une vie de caserne et d'entraînement. Cette dureté de mœurs fait de Sparte un Etat fort, dernier rempart de l'Occident contre les invasions de l'Asie ; mais elle en fait aussi un Etat borné, impropre au progrès, aux arts, et le rend même, par sclérose, rebelle au commerce maritime.

Au VIe siècle av. J.-C., passer de Sparte à Athènes par l'isthme de Corinthe (cinq journées pour un bon marcheur) c'est quitter les temps anciens pour les temps modernes, le passé pour l'avenir. A l'époque où Sparte n'est plus qu'un monolithe stérile, Athènes est la source d'eau vive qui, bientôt, va fertiliser le monde.

Face au Spartiate, mal lavé, tout en armes, hirsute et aboyant plutôt qu'il ne parle, voici l'Athénien, discoureur, sociable, inventif, déjà imprégné de cet esprit d'Orient qui souffle à travers la mer Egée.

Alors que Sparte, pour ses institutions, ne veut entendre parler que de Lycurgue, dont elle aurait reçu ses lois, Athènes se plaît aux réformes, aux nouveautés. Son histoire sera aussi agitée que celle d'une république italienne de la Renaissance, avec tout ce que cela comporte de sang répandu, de désordre, mais aussi de grandeur.

Dès l'origine des temps historiques, on voit naître, avec Solon pour accoucheur, une démocratie bien aristocratique encore — elle le sera toujours en Grèce —, où le riche se trouve légèrement abaissé, le petit salarié élevé au rang d'électeur, représenté dans la cité par une assemblée du peuple.

Après ce législateur exemplaire, voici des aventuriers, comme Pisistrate, qui, par les voies les plus tortueuses, parvient à faire le bonheur de la cité (les Spartiates ne le permettraient pas...) ; il emprunte aux montagnards le culte de Dionysos, d'où sortiront les dionysies et le théâtre ; et voici Clisthènes, pur réformateur plutôt que démagogue, qui réussit à briser la force des *genê* (507) par une nouvelle division territoriale de l'Attique, le citoyen n'étant plus seulement l'homme d'un *genos*, mais de sa « dème » (commune).

A la fin du VIe siècle av. J.-C., Athènes n'est encore qu'une petite ville aux rares monuments, mais compte déjà parmi les villes commerçantes telles que Corinthe, Chalcis, Egine. Pour qu'Athènes manifeste ses dons militaires et de commandement en même temps que politiques, il faudra la grande épreuve des guerres médiques. De même, Rome ne sera vraiment Rome qu'après sa lutte contre Carthage.

GUERRES MÉDIQUES

Une seule grande puissance peut menacer la nation grecque, la Perse, qui, déjà sous Darios (540), a mis la main sur les colonies grecques d'Asie Mineure. Elle cherche maintenant à atteindre les bords du Danube, menaçant de couper la Grèce de son réservoir à blé, les bords du Pont-Euxin.

Les rapports entre la Grèce et la Perse sont de séduction mutuelle avant d'être belliqueux, et, jusque dans la guerre — phénomène fréquent à travers l'histoire —, ces liens inavoués se perpétuent.

Il faut lire dans Hérodote la description de Suse et surtout de Babylone, dont l'énormité le subjugue ; on pense à Marco Polo devant les monuments de Pékin ! Quant à la religion perse, le Grec s'émerveille d'y découvrir non pas des dieux plus qu'à demi humains, comme ceux de son Panthéon, affligés de toutes nos faiblesses, mais des dieux « moraux », tout mauvais ou tout bons, comme Mazda, représentatif de la perfection morale, comme Mithra, son subordonné, dont le culte se répandra étrangement en Grèce et à Rome.

Réciproquement, le Perse admire en son voisin grec le savoir, l'alacrité de l'esprit. A la cour du « Grand Roi » se succèdent, s'installent, parfois pour toute une vie, des Grecs exilés, frappés d'ostracisme, et qui, peu à peu, se font Perses. Beaucoup, dans les guerres médiques, se battent contre leur propre patrie.

MARATHON

Darios, voulant se montrer digne de ses prédécesseurs, lance une grande expédition en Thrace et en Macédoine, puis il pose un véritable ultimatum aux cités grecques : « Qui n'est pas avec moi est contre moi. » Seules Athènes et Sparte refusent leur soumission et tuent les émissaires du Grand Roi.

Qui peut croire à la victoire d'Athènes — ce David auprès de Goliath —, même soutenue par Sparte ? Et pourtant c'est Marathon.

A 36 kilomètres d'Athènes, on montre le tumulus où ont été ensevelis, après incinération, les 192 hoplites, les soldats-citoyens, qui ont trouvé la mort dans cette mémorable bataille. De cette hauteur, l'œil embrasse toute la plaine déployée en croissant de lune au bord de la mer, et il est aisé d'imaginer la flotte perse jetant l'ancre, déversant sur le rivage quelque 50 000 fantassins et cavaliers, et là, durant quelques jours, tâtant l'armée athénienne. Celle-ci, composée de 6 000 hoplites, est massée dans la vallée de Vrana, sur le chemin d'Athènes, protégée à ses deux ailes par des hauteurs escarpées contre un éventuel mouvement tournant de la cavalerie perse.

Enfin, l'armée de Darios se décide à prendre l'offensive ; la contre-offensive athénienne est soudaine, imprévue, et les Perses, neuf fois supérieurs par le nombre, en ont leur élan coupé. « La bataille, écrit Hérodote, dura longtemps ; au centre, les Barbares l'emportèrent ; le leur était composé des Perses et des Saces ; vainqueurs sur ce point, ils rompirent les Athéniens et les poursuivirent en s'avançant dans les terres. Mais, aux deux ailes, Athéniens et Platéens (alliés d'Athènes) eurent le dessus. Ils mirent en déroute les corps qui leur étaient opposés, puis, s'étant rejoints, ils se tournèrent contre ceux qui avaient enfoncé leur centre. La victoire des Athéniens fut totale. » (Hérodote, VII, 113.)

L'action se termine par une attaque contre les vaisseaux perses, mais ceux-ci ont pu, pour la plupart, s'éloigner. Sept seulement tombent aux mains des Grecs. A noter que le secours spartiate demeura « moral » pour des raisons religieuses. Il ne convenait pas de se mettre en marche avant la pleine lune...

SECONDE GUERRE MÉDIQUE

Xerxès, succédant à Darios, prépare longuement sa revanche : flottes considérables, alliance de Carthage, entretien, en Grèce même, d'une « cinquième colonne » prête à seconder l'armée d'invasion. Et, tandis que l'orage s'amasse, du côté d'Athènes ont lieu des intrigues, des bavardages, les affaires... Mais, par bonheur, un stratège, Thémistocle, comprend que la lutte, loin de

Périclès.

toucher à son terme, va reprendre et devine que c'est sur mer que la Grèce sera victorieuse ou vaincue. On assiste pour la première fois à une union des cités, qui forment une seule flotte et une seule armée sous la direction de Sparte. Grâce à un véritable esprit de croisade, c'est encore la victoire, mais bien chèrement acquise : Athènes saccagée, incendiée, l'Acropole détruite. On sait comment, dans le détroit de Salamine, s'est déroulée l'une des plus belles batailles navales de l'histoire, et qui, pour plusieurs siècles, va décourager l'Asie de renouveler ses invasions. Eschyle a laissé de Salamine un récit poétique qui reste, sur cet épisode, notre principale source d'information : « L'afflux des vaisseaux perses d'abord résistait, mais leur multitude s'amassant dans une passe étroite..., ils voient se briser leurs rames et, alors, les trières grecques, adroitement, les enveloppent, les frappent ; les coques se renversent, la mer disparaît sous un amas d'épaves, de cadavres sanglants, et une fuite désordonnée emporte à toutes rames ce qui reste des vaisseaux barbares, tandis que les Grecs, comme s'il s'agissait de thons, de poissons vidés du filet, frappent, assomment avec des débris de rames, des fragments d'épaves... » Dernier sursaut de Xerxès en 479 : les Barbares sont vaincus à Platées, à Mycale, près de Milet, tandis que les Grecs de Sicile écrasent les Carthaginois à Himère.

Après Platées, la pythie — cette inspirée, interprète des dieux — ordonne que tous les feux sacrés souillés par la présence de l'ennemi soient éteints et qu'on les rallume à des flambeaux envoyés de Delphes.
Athènes n'est plus qu'un monceau de ruines. Elle a cependant tout l'honneur de la victoire et c'est elle qui, à la tête de la ligue de Délos, parachève la défaite des Perses et leur éviction des îles de l'Égée.
La foi et l'intelligence athéniennes se sont montrées plus efficaces que la discipline spartiate.
C'est Athènes qui, au nom des cités, signe avec le Grand Roi la paix dite « de Callas » (450-449), avant d'établir avec sa rivale Sparte une sorte de partage d'influence qui doit assurer à la péninsule une paix de trente ans.

PÉRICLÈS

On a de lui un buste (British Museum), peut-être idéalisé, mais dont l'expression correspond bien à ce que nous savons de l'homme : douceur froide, patience, entêtement. En vain y chercherait-on le génie dont rayonne Alexandre. C'est le visage plutôt d'un politicien modéré, d'un légiste, digne successeur de Thémistocle, son modèle. Démocrate, il règne tel un premier ministre dont les pouvoirs seraient renouvelés d'année en année par tacite reconduction ; patriote, soucieux de défendre les libertés athéniennes par des ouvrages fortifiés et une solide armée — navale surtout —, animateur des lettres et des arts, il est le « Roi-Soleil » de la Grèce.
De même que le grand siècle français a Versailles pour symbole, le grand siècle d'Athènes est tout entier dans le Parthénon, œuvre dont l'initiateur est Périclès, l'architecte Ictinos, le maître de la sculpture Phidias. Monument religieux, l'Acropole est aussi un monument national, et qui, élevé au-dessus de la plaine de l'Attique, attire inévitablement le regard et rappelle aux Athéniens, comme aux étrangers, qu'ici se trouve vraiment le haut lieu de la Grèce. Pendant les cinquante ans qu'il faut pour construire le Parthénon, seuls les hommes libres, les vrais Athéniens sont admis sur le chantier. Du sculpteur au tailleur de pierre, chacun travaille avec patriotisme et *piété*.
Les monuments de l'Acropole représentent une « prise de conscience » par la Grèce de son passé et de son génie propre. Ainsi l'Erechthéion rassemble, tel un musée, les reliques de l'histoire d'Athènes : une statue archaïque en

bois d'olivier, une représentation de l'arbre sacré planté par Athéna et celle de la source que Poséidon avait fait jaillir d'un coup de son trident...

LE DÉCLIN

La guerre du Péloponnèse entre Sparte et Athènes manifeste le déclin de la grandeur hellénique. C'est moins une guerre de deux races que de deux principes ; il existe partout en Grèce un parti oligarchique, favorable à Sparte, et un parti démocratique, favorable aux Athéniens. En dépit d'un compromis, l'antagonisme s'affirme, spécialement entre le dynamisme commercial d'Athènes et celui de Corinthe, alliée des Spartiates. En 431 av. J.-C. éclate la guerre dite « du Péloponnèse », qui partage la Grèce en deux mondes ennemis.
Lutte fratricide, et qui s'achève, après dix ans de pillage et d'indicibles souffrances pour la population de l'Attique, par une paix précaire, rompue par les ambitions d'Alcibiade. C'est Alcibiade, en effet, qui, en 413 av. J.-C., devant Syracuse, fait connaître à Athènes le

Alcibiade.

goût amer de la défaite ; prologue d'une défaite plus grave encore, celle de l'Aigos-Potamos, où Athènes perd, outre sa flotte, son empire et son honneur, contrainte de promettre à Sparte qu'elle lui obéirait désormais « sur terre et sur mer ».
Au-dessus des cités grecques déchirées, le Grand Roi joue une politique d'arbitre, de bascule, d'abord en étant allié d'Athènes et de Thèbes, puis, Athènes ayant repris vigueur, en l'abandonnant pour Sparte, à laquelle il livre les cités grecques d'Asie, revanche des guerres

Le passé

médiques ; enfin, en soutenant les entreprises conquérantes du Thébain Epaminondas, vainqueur des deux ennemis réconciliés contre lui, Sparte et Athènes. Au milieu du IVᵉ siècle, la Grèce se trouve en pleine décadence. Les guerres ont appauvri le peuple. Elles n'ont enrichi que quelques-uns. On se préoccupe de moins en moins de la vie politique. La toge le cède aux armes. On se détourne des cultes traditionnels pour ceux qui viennent d'Orient et qui offrent un refuge mystique aux esprits accablés par les malheurs du temps. Des confréries secrètes se forment, comme l'*hétairie* aristocratique, la *thiase* dionysiaque, de recrutement populaire. Entre les cités s'ébauchent des associations politiques d'un caractère moins démocratique que monarchique. La démocratie de type athénien, qui a apporté à la Grèce beaucoup de gloire, n'est-elle pas aussi la cause de son anarchie ? N'est-il pas temps de retourner à la royauté des origines ?

PHILIPPE II ET LA MACÉDOINE

Pour les Athéniens, que représente la Macédoine ? Une monarchie nordique, encore à demi barbare, voisine de la Scythie, remuante, ambitieuse, et dont les possessions se trouvent étendues jusqu'à l'Illyrie et à l'Epire. Jusqu'en 359, elle n'a joué aucun rôle dans les grandes disputes helléniques, mais voici qu'à cette date Philippe II, personnage à demi hellénisé, grand chef de guerre, diplomate habile, va faire son entrée sur la scène politique.

Lorsque Philippe II met la main sur les villes de Chalcidique, les Athéniens commencent à s'émouvoir. Mais se seraient-ils émus sans l'éloquence de Démosthène ? « Ce qui m'exaspère aujourd'hui, s'exclame l'orateur bègue, c'est que vous vous refusez à l'action. Vous n'êtes attentifs à vos affaires politiques qu'au moment même des débats ou lorsqu'on vous annonce quelque chose de nouveau ; après cela, chacun s'en va et ne pense plus à ce qu'il vient d'entendre... Au moment où Philippe prend les armes et s'avance, jouant son existence, nous, ici, nous restons oisifs, contents les uns d'avoir dit ce qui était juste, les autres de l'avoir entendu dire... » Et Démosthène ajoute : « De même que vous, aujourd'hui, vous vous préoccupez de savoir ce que Philippe fait et où il se porte, peut-être Philippe aurait-il aussi à se demander vers quels

points vos flottes ont mis leur cap et où elles vont paraître... »

C'est en vain que Démosthène s'évertue. Appelé par Delphes, Philippe s'installe à Elatée. Athènes et Thèbes s'allient contre la Macédoine. Elles sont écrasées à Chéronée (338).

C'est là que finit l'histoire de la vraie Grèce. Dans le monde qui s'organise — le monde non plus grec, mais hellénique —, la Grèce péninsulaire, qui a tant donné d'elle-même en lois, en œuvres d'art, en hommes de génie, en prospérité, ne sera plus qu'une province, et la plus misérable de toutes.

ALEXANDRE LE GRAND

Cette histoire grecque s'achève en feu d'artifice par la fantastique expédition d'Alexandre. Cette Grèce épuisée, mais

Alexandre.

tout à coup revivifiée de sang macédonien, a mis le feu au monde et fondé une nouvelle civilisation par le génie du fils de Philippe II assassiné. Il y a en ce jeune homme de vingt ans, devenu roi non de la Macédoine, mais de la Grèce entière, quelque chose de plus asiatique qu'occidental. Il n'a pas cette mesure qui est le fait des hommes d'Etat grecs. Dès sa jeunesse, il se tisse une légende, prend pour modèle non pas Thémistocle ou Périclès, mais Achille. Il se présentera aux nations barbares comme un dieu, en d'étranges accoutrements, fils de Baal à Carthage, d'Ammon en Egypte.

Suivre les conquêtes d'Alexandre, c'est déployer la carte du monde connu des Anciens. Reprenant le projet de son père, Alexandre se prépare à assumer la revanche des Grecs contre les Perses. Il s'empare à peu de frais de toute

l'Asie Mineure occidentale, fonce sur le nord de la Syrie, longe la côte phénicienne, soumet toutes les villes du littoral, sauf Tyr et Gaza. L'Egypte, maltraitée par les Perses, se donne à lui. Il jette les fondations d'Alexandrie — l'une de ses soixante « filles », comme il dira des villes qu'il sème en chemin — et reprend sa marche en Asie. Bousculant l'armée de Darios près d'Arbèles, en Assyrie, où il s'approprie les trésors fabuleux des rois achéménides, il descend le Tigre jusqu'à Babylone. Près d'Ecbatane, il trouvera, exsangue, le corps de Darios.

Plus loin vers l'est, c'est l'Inde, ce pays que la Grèce ne connaissait qu'à travers les légendes reçues par la Perse. Après des cheminements de plusieurs mois dans l'Afghanistan, l'armée d'Alexandre atteint l'Indus. Infatigable, le Macédonien voudrait pousser plus loin encore, suivre le cours du Gange jusqu'à cet océan qui, selon Aristote, mènerait les navires — car la terre est ronde — aux rivages de l'Europe occidentale. Mais l'armée est lasse. C'est le reflux vers le point de départ. Alexandre chemine à pied à la tête d'une cohue de soldats, dont beaucoup meurent en route ou désertent. Il s'inquiète à tout moment de sa flotte, qui, sous le commandement de Néarque, longe les côtes de la Gédrosie, de la Carmanie, puis pénètre dans le golfe Persique. La jonction se fait à Suse, où Alexandre meurt, âgé de trente-trois ans.

LA GRÈCE ROMAINE

Politiquement, l'expédition d'Alexandre est sans lendemain. Elle n'a pas créé un empire, ni même une fédération, mais elle a répandu à travers le monde les germes d'une civilisation nouvelle, dite « hellénistique », promise à un très long avenir, et qui survivra jusqu'à la fin du Moyen Age. Ainsi sera démontrée l'universalité du génie grec, capable de s'épanouir chez les Africains aussi bien que chez les Perses ou les Hindous, ce dont témoigne cet art si particulier qui a donné au Bouddha cette si douce face d'Apollon, à Isis sa grâce intelligente, au saint Michel de Byzance la beauté héroïque d'Achille.

De toutes les parties du monde d'Alexandre, la Grèce est la plus résistante à l'emprise de Rome, et c'est avec brutalité que, après avoir absorbé la Macédoine, les proconsuls soumettent une à une les cités grecques en dépit des efforts de la Ligue achéenne.

Désormais, la Grèce est aux yeux des Romains ce qu'a été l'Egypte aux yeux des Grecs : une académie, un musée.

Darios, à la bataille d'Issos
contre Alexandre.

Il est bien porté de confier l'éducation de ses enfants à un affranchi grec, tandis que ce qui reste de barbare dans l'esprit romain et d'attaché à l'austérité des premiers âges répugne au raffinement hellénique, synonyme de décadence. Ainsi grogne le vieux Caton à l'intention de son fils Marcus : « Je dirai ce que j'ai observé à Athènes. Il peut être bon d'effleurer leurs arts, mais non de les approfondir, et je le prouverai. Cette race est, du monde, la plus perverse et la plus intraitable, et je crois entendre un oracle : toutes les fois que cette nation nous apportera ses arts, elle corrompra tout, et c'est pis encore si elle nous envoie ses médecins... Nous aussi, ils nous appellent barbares, et nous outragent plus ignominieusement que les autres peuples... »

LA GRÈCE BYZANTINE

En 395 apr. J.-C., la Grèce est rattachée à cet empire d'Orient qu'on nomme « byzantin », du nom de sa capitale, qui, désormais, éclipsera Rome, moribonde et bientôt violée à l'envi par les Barbares. L'Empire byzantin dure jusqu'à la prise de Constantinople (1453), c'est-à-dire un peu plus de mille ans.

Des cent sept empereurs qui se succèdent sur le trône de Byzance, peu meurent dans leur lit (trente-quatre exactement), mais n'en est-il pas de même à Rome ? Et, comme Rome, Byzance a ses grands empereurs, tels Théodose Ier; Julien l'Apostat, qui tente en vain de restaurer les dieux du paganisme; Justinien, ce Roi-Soleil de Byzance (dont la Maintenon est Théodora), bâtisseur de Sainte-Sophie, auteur d'un Code célèbre, des *Pandectes* et *Institutions,* et qui s'occupe de donner le coup de grâce aux divinités expirantes. C'est par lui que le dernier temple égyptien est fermé, que ses prêtres sont réduits au chômage et qu'en Macédoine les soldats brisent les statues d'Apollon pour les remplacer par des effigies de la Vierge.

Avec Héraclius, l'Empire cesse vraiment de se dire l'héritier et le continuateur de Rome pour devenir une monarchie grecque et orientale : époque où la séparation des pouvoirs civil et militaire, propre à l'Empire romain finissant, est abolie au profit de l'armée. Les provinces se transforment en gouvernements militaires appelés « thèmes », véritables remparts contre les assauts des Barbares.

L'Empire byzantin achève de s'helléniser. Le latin cesse d'être langue officielle. Le grec le remplace dans la législation, l'administration, le langage de l'Eglise et dans la littérature. La religion prend une place accrue dans la vie privée. Et c'est la face « grecque » du christianisme qui l'emporte, c'est-à-dire saint Paul préféré à Pierre, le Romain. Déjà le schisme est en puissance. Le patriarche de Byzance se regarde comme l'égal de l'évêque de Rome. Quant à l'empereur, il est, sous le nom

**L'empereur byzantin Nicéphore III
et l'impératrice Marie d'Alanie.**

de *basileus*, à la fois chef temporel et spirituel, étrange réplique chrétienne de l'empereur romain divinisé. L'étiquette de la Cour, l'une des plus compliquées et des plus puériles de l'histoire — jeux de lumière, jets de parfums, musiques mystérieuses, etc. —, tend à le représenter comme un personnage quasi surnaturel, ce qui n'empêche qu'il finira souvent assassiné.

LA VÉRITABLE GRÈCE

Si, vers le VIIe siècle par exemple, nous nous transportons de Byzance, luxueuse, animée, prospère, dans la Grèce proprement dite, nous y trouvons un pays bien misérable. Athènes n'est plus qu'une chétive bourgade. Justinien a fait construire des forteresses avec les restes des temples. La population parle un grec dégénéré et que ne comprendraient pas les contemporains de Périclès. Le berger qui laisse brouter ses chèvres sur les dalles de l'Acropole, envahies d'herbes, ignore la signification de ces monuments. L'oubli du passé est devenu total lorsque l'empereur a fait fermer les dernières écoles néo-platoniciennes, qui entretenaient la vieille flamme attique.

Quant au christianisme, il se fait bien pâle dans ces régions excentriques de l'empire. Le principal travail des évêques est d'arracher les restes des superstitions et d'enseigner par cœur quelques prières mal comprises. La voix d'un saint Jean Chrysostome ne vient pas jusqu'ici.

En fait d'apôtres grecs, on n'a retenu d'autre nom que celui de Nikon le Métanoïte, moine qui paraît avoir résidé à Sparte. La peinture qu'il nous fait de cette ville jadis illustre est celle d'un modeste évêché... Nous apprenons cependant avec surprise que Sparte, à cette époque, pratique sur l'agora des courses montées et possède son jeu de paume, où le *stratège* (traduisez « gouverneur militaire ») ne croit pas nuire à sa dignité en empoignant la raquette. Et saint Nikon ajoute que certains vieillards entretiennent encore les jeunes gens des lois de Lycurgue !

La seule vie se concentre dans les ports. Il y a dans cette Grèce déchue un reste de vitalité commerciale, bien prometteuse pour l'avenir. Des armateurs juifs transportent au loin la soie de Thèbes. La rade de Corinthe et son canal ont des encombrements de navires. Nauplie et Corfou sont ses rivales.

SOUS LA MAIN DES BARBARES

Au cours de son histoire, l'Empire byzantin se rétrécira comme peau de chagrin. Il n'est rien de plus tentant pour le conquérant que cet agglomérat de territoires souvent riches, affaiblis par leurs dissensions internes. C'est ainsi que l'on voit, au VIIe siècle, les Arabes s'emparer de Damas, d'Antioche et d'Alep, puis, quelque trente ans plus tard (695), pousser leurs conquêtes jusqu'au Pont-Euxin et menacer Constantinople. La ville, si l'on en croit les chroniqueurs, aurait été sauvée par cette arme nouvelle, le *feu grégeois*, projectile incendiaire dont la composition était telle que l'eau ne pouvait l'éteindre.

**Jean VI Cantacuzène, rival
de Jean V Paléologue.**

De son côté, l'Egypte tombe sans combat entre les mains des musulmans, livrée par les chrétiens coptes, heureux de se venger ainsi du despotisme du basileus. Alexandrie, seule, résiste et ne succombe qu'après quatorze mois de siège.

Deux fois seulement les empereurs de Byzance essaient de reprendre aux calites quelques-unes de leurs conquêtes. Au Xe siècle, Nicéphore Phocas reprend Antioche, Jean Zimiscès recouvre une partie de la Palestine. Mais les Grecs, libérés, montrent une telle nostalgie de la « paix arabe » que l'empereur Basile II ne les empêche pas de retomber aux mains de leurs maîtres.

Au Xe siècle, que reste-t-il de l'immense Empire byzantin ? l'Asie Mineure et la Grèce, celle-ci étant l'objet d'une constante infiltration slave, d'où la théorie développée il y a quelque cinquante ans par l'Allemand Fellmerayer sur la « slavisation » des Grecs. D'après cet ethnologue, un Grec moderne n'aurait pas une goutte de sang vraiment grec dans les veines, mais du sang russe, et surtout bulgare.

Il n'est pas un petit Grec qui n'ait lu ou entendu parler du livre *Au temps du Bulgaroctone*, où l'on apprend comment l'empereur Basile II — un Macédonien — a vaincu les Bulgares (*bulgaroctone* signifie « tueur de Bulgares »), alors que ceux-ci avaient envahi le Péloponnèse, conquis la Thessalie, la Macédoine, et formaient un vaste empire du Danube à l'Adriatique. Après quinze ans d'une guerre tenace et sauvage, les Bulgares sont écrasés au défilé de Cimbalongou, sur la route de Serrès à Melnik (29 juillet 1014). En 1019, Basile, voyageant à travers la péninsule Balkanique reconquise, paraît à Athènes et peut se glorifier d'avoir rendu à Byzance une puissance qu'elle avait perdue depuis plusieurs siècles.

LE SCHISME

Lors d'une récente session de Vatican II, des évêques ont reconnu que dans le schisme de l'Eglise d'Orient les torts étaient partagés et que ceux de Rome étaient lourds...

Mais repassons les faits qui ont consommé la rupture.

En 1024, sous le règne de Basile II, des négociations sont engagées, sur l'initiative des Grecs, pour obtenir du pape qu'il renonce à toutes prétentions sur le gouvernement de l'Eglise universelle et qu'il reconnaisse aux patriarches de Constantinople la plénitude de leurs droits sur l'Eglise d'Orient. Quand on apprend que Jean XIX est prêt à s'incliner, c'est un tollé dans tous les pays

Les croisés traversant le Bosphore.

Prise de Constantinople
par les croisés.

d'obédience romaine, et les négociations en restent là. En l'occurrence, Rome demeure fidèle à sa doctrine. Mais jamais cette doctrine n'a pénétré l'Eglise grecque, pour qui la prééminence de saint Pierre est née d'une interprétation tendancieuse des Ecritures.

A quelque temps de là, le patriarche grec fait fermer toutes les églises de son diocèse où le culte est célébré selon le rite latin. L'empereur Constantin Monomaque, redoutant une rupture entre les deux Eglises, obtient du pape Léon IX d'envoyer des légats à Constantinople pour rétablir la paix. Mais le ton impérieux de ces légats et l'entêtement du patriarche à ne leur rien céder rendent toute conciliation impossible.

Au cours des discussions, le moine Nicétas ayant attaqué les Latins sur l'article du célibat des prêtres, le cardinal Heimbert, légat du pape, se laisse aller, dans sa réponse, aux propos les plus outrageants. Le même cardinal, n'ayant pas obtenu de Nicétas ni du patriarche les rétractations qu'il exigeait, se décide à commettre l'acte irréparable... Avec les autres légats, il se rend à la cathédrale Sainte-Sophie (16 juillet 1054) et dépose sur l'autel une excommunication en forme contre le patriarche. Celui-ci, encouragé par son clergé, répond par une excommunication non moins solennelle.

LES CROISADES

Réciproquement excommuniées, les deux Eglises se séparent et le sont restées jusqu'en 1965, année où le patriarche de Constantinople et le pape Paul VI ont décidé d'effacer ce souvenir.

Si le schisme est demeuré aussi opiniâtre entre les deux Eglises, ce n'est pas pour les raisons qu'on invoque d'habitude : le mariage des prêtres, la tonsure, l'addition du *filioque* dans le Symbole des apôtres, ni même les divergences sur la primauté de Pierre.

Il y a, dans cette scission prolongée, l'effet de rancunes politiques inexpiables, et que ravivent les croisades. L'optique sur les croisades n'est pas la même, aujourd'hui encore, en Europe occidentale et en Grèce. Le « pieux chevalier » de nos livres d'histoire, c'est pour le Grec l'envahisseur brutal, incendiaire, pillard, et qui couvre ses exactions du voile trompeur de la religion. A quoi assiste-t-on, en effet, lors de la quatrième croisade, inspirée par le pape Innocent III ? 20 000 guerriers, surtout Français, se sont embarqués pour la Terre sainte à bord de nefs vénitiennes. Et c'est aussitôt une première entorse au programme ; pour prix du voyage, les croisés consentent à prendre la ville de Zara en Dalmatie et à la remettre aux Vénitiens. Ils acceptent ensuite (seconde entorse) les propositions de l'empereur Isaac Ange, dépossédé, emprisonné, et qui, par le truchement d'un émissaire, promet, si on lui rend son trône, de placer son empire entier sous l'autorité de Rome.

Le 27 juin 1203, la flotte latine mouille devant Constantinople. Le 18 juillet, la ville est prise d'assaut. Mais il advient qu'une nouvelle révolte chasse Isaac Ange de son trône recouvré et le tue. Cette fois, les croisés décident de travailler pour leur propre compte. Le 12 avril 1204, ils reprennent la ville, la pillent, massacrent à cœur joie — ce ne sont, après tout, que des schismatiques ! —, installent sur le trône Baudouin, un Flamand, et se disputent les seigneuries de l'empire. Villehardouin

s'arroge la principauté d'Achaïe, un La Roche devient duc d'Athènes, Boniface de Montferrat règne à Thessalonique, cependant qu'un Vénitien, Thomas Morosini, prend possession du trône patriarcal.

L'Empire latin de Constantinople mène cinquante ans de vie misérable. On voit Baudouin mendier des secours, battre monnaie avec le plomb des toitures, débiter, pour se chauffer, lui et sa cour, la charpente du palais. Certaines seigneuries, comme le duché d'Athènes et surtout la principauté d'Achaïe, connaissent un sort un peu meilleur. Aujourd'hui encore, dans toute la

Geoffroy de Villehardouin.

Le passé

Morée, on rencontre les ruines de puissantes forteresses féodales et des églises bâties par les Français.

Les Grecs résistent comme ils peuvent à l'emprise de ces intrus et vont jusqu'à s'allier à leur pire ennemi, le Bulgare. C'est en 1261 que les Grecs de Nicée, aidés des Génois et sous le commandement de Michel Paléologue, libèrent leur capitale. Mais, comme l'a écrit Charles Diehl, l'historien de Byzance, l'Empire ne sera plus désormais qu'« un corps débile, affaibli et misérable, avec une tête énorme : Constantinople... »

La période qui s'écoule de 1261 à 1453 marque la décadence ultime de l'Empire grec, mais jamais, alors qu'il est plus menacé de mourir, il ne jette de plus beaux feux, et spécialement dans le domaine des arts.

Dans les mosaïques de Kahrié Djami, à Constantinople, dans les peintures des églises de Mistra, en Grèce, dans les fresques les plus anciennes de l'Athos, des ouvrages se rencontrent, d'une grâce et d'une fraîcheur inattendues, et que l'on a pu comparer aux œuvres des primitifs italiens. Cependant la vieille tradition de l'iconographie demeure inflexible, si la manière de l'interpréter varie, et Byzance continue de donner au monde chrétien ses leçons de peinture, d'ornementation, d'architecture, dont l'Europe profite.

UNE DATE QUI COMPTE : 1453

Lentement, depuis près de deux siècles, les Turcs ont avancé à travers l'Asie, pénétré en Europe (1354) et occupé Gallipoli, puis Andrinople, qui devient leur capitale. En 1444, à la bataille de Varna, le dernier grand effort que tente la chrétienté en Orient est brisé.

Devant la menace turque, Byzance apparaît plus divisée en elle-même que jamais, aigrie, remâchant ses rancunes contre l'Occident, allant jusqu'à dire que mieux vaudrait pour elle tomber sous le joug des Turcs que sous celui des Latins. Et l'Occident, tout occupé de ses querelles, et qui ne veut voir dans les Grecs que des schismatiques, prend d'avance son parti de la chute de Byzance, que le pape Nicolas V, nouveau Jérémie, prophétise.

Un lieu commun veut qu'au moment où les Turcs assaillent Constantinople on ne s'occupe en haut lieu que de discuter du sexe des anges. La réalité est autre. D'avance, Byzance rassemble tout son courage pour supporter le choc prochain. Elle ne dispose que de 9 000 hommes, de toutes races, pourvus d'armes archaïques, tandis que les Turcs sont plus de 200 000 et ont accumulé dans leurs forteresses armes et munitions en quantité, ainsi que ces énormes canons de siège, comme on n'en a jamais vus, et qui peuvent cracher sur Constantinople des boulets de près d'une tonne !

Le 18 avril 1453, un premier assaut des Turcs, encore timide, et qui semble s'être borné à « tâter » l'adversaire, est repoussé. Le sultan Mehmet II réussit cependant à faire passer des navires de guerre dans le Bosphore et à menacer une autre face des remparts. Un nouvel assaut, le 7 mai, échoue encore. Dans la nuit du 28 au 29 mai, par une brèche qu'a ouverte l'artillerie, les janissaires passent en torrent. L'empereur, qui se bat l'épée au poing, est abattu. Au matin, les Turcs sont maîtres de la ville. Jusqu'au soir, massacres et pillages se prolongent. Un grand nombre d'hommes et de jeunes gens sont emmenés et vendus comme esclaves. Le 30 mai, Mehmet fait une entrée solennelle dans Constantinople et, sous la coupole de Sainte-Sophie, devenue mosquée, rend grâce à Allah.

SOUS LE JOUG TURC

De l'an 1453, où tombe Constantinople, à 1832, où l'indépendance hellénique est acquise, la Grèce connaît sous le « noir parapluie » de l'occupation turque — suivant l'expression de Mimica Cranaki — une vie diminuée.

Voltaire et d'autres historiens ont loué le libéralisme des Turcs, qui auraient pu exterminer les populations chrétiennes ou les convertir de force, mais les ont laissé vivre dans leur foi et ont même permis à certains Grecs de réaliser des fortunes dans le commerce maritime.

Il est exact que Mehmet II, vainqueur, répugnant à élever les Grecs au niveau des citoyens turcs, sachant qu'il serait impossible de les convertir à la religion musulmane et qu'il serait extrêmement difficile de les supprimer tous, se résolut à laisser les Grecs mener leur vie ordinaire, à pratiquer leur religion, à conserver leurs institutions politiques. Ceux qui connaissent la loi coranique ne s'étonnent point que, du « pape » grec, Mehmet II ait fait un chef d'État. Pour l'islam, il n'y a de réalité que religieuse, même en pays *roumi*.

Ainsi, au sein d'un État musulman fonctionne un État chrétien. Les attributions de l'Église concernant le droit civil — et spécialement le droit familial — sont conservées et même accrues.

A mesure que la conquête turque s'étend sur les Balkans et dans le Proche-Orient, les pouvoirs du patriarche s'amplifient, à en rendre jaloux le pape de Rome. Étrange situation que celle de ce *basileus* pontifiant sous les yeux et par la volonté de l'infidèle.

Mais voici le revers de la médaille. Le Grec, à tout moment, se heurte à sa dure situation de peuple vaincu. Ce sont mille coups d'épingle.

Dans une ville forte, le Turc habite la forteresse, le Grec, la basse ville. Dans une ville ouverte, les beaux quartiers sont réservés aux Turcs, les plus misérables aux Grecs. Un Grec n'a pas le droit de se vêtir d'étoffes claires ni surtout de couleur verte, réservée aux fils de Mahomet. On lui interdisait les chapeaux à larges bords, et cela même au clergé, qui dut adopter le bonnet — qu'il porte encore. Interdiction de sonner les cloches si une oreille turque peut en souffrir. Un Turc qui tue un chrétien ne commet point un crime, mais un chrétien qui gifle un Turc est passé par

Osman Khan Gazi, le premier sultan de l'Empire ottoman.

les armes. Ajoutez à cela ce qui fit souffrir plus que tout le peuple grec, le *karatch*, cet impôt de capitation qu'il faut payer une fois l'an sous peine de mort et qui représente plus du quart du revenu individuel. Il est dangereux de sortir de chez soi sans la quittance de son dernier *karatch*, devenue une indispensable pièce d'identité.

Mais qu'est-ce que le *karatch* auprès de cette coutume atroce que sont les enlèvements d'enfants, dont les Turcs feront des soldats d'élite, les janissaires, qui, eux-mêmes, peut-être, un jour, s'abattront sur une île grecque pour enlever leurs petits frères ou leurs petits neveux ? Les jeunes gens habitant les côtes, et spécialement les îles, peuvent être requis de servir dans la flotte turque pour dix ou vingt ans. A cette servitude, certains préfèrent l'évasion. Ils prennent non la route, mais la mer, et se font pirates. Vie aventureuse, étrangement romanesque, tout entière passée sur cette mer Egée ponctuée d'îles. Le soir, après avoir halé la lourde barque sur les galets, on campe, on allume un feu pour la soupe aux poissons, on rêve sous les mêmes étoiles qui ont guidé le voyage d'Ulysse. Pauvres prises, le plus souvent : un transport de légumes ou de chèvres. Il ne faut point s'attendre à s'enrichir comme dans le commerce légal, protégé par les Turcs, mais qui ne profite qu'aux riches.

NAISSANCE D'UNE BOURGEOISIE

C'est là, en effet, un autre aspect de la Grèce sous l'occupation turque. Tandis que l'ensemble du pays végète et s'appauvrit un peu plus chaque jour (« depuis Constantinople jusqu'aux rives de l'Euphrate, a écrit un voyageur français au début du XIXe siècle, et des plages du Bosphore jusqu'à Cattaro, les villes sont des cloaques remplis de fumier et d'immondices, les villages, des repaires ou des solitudes... »), certains Grecs font fortune dans le commerce maritime, spécialement dans cette mer Noire qui n'est plus ouverte qu'à eux, le Turc tenant à distance Français, Britanniques, Russes ; quant aux « Echelles du Levant », elles sont devenues, après l'éviction des Vénitiens et des Génois, leur chasse gardée.

Ainsi, l'on voit, dans la misère ambiante, naître des zones de prospérité et se former une bourgeoisie qui comptera beaucoup dans le maintien du sens national grec, la résistance à la pression turque, l'instruction du peuple. En attendant de soutenir une révolution, le commerçant trafique avec le vainqueur par l'intermédiaire de chrétiens renégats, maintenant coiffés du turban et devenus fils de Mahomet.

Au XVIe siècle, on voit ces commerçants grecs nouer des relations avec les Etats de l'Europe occidentale, s'établir même à l'étranger. Au XVIIe siècle, on trouve partout le Grec. Nouvelle *diaspora*... Il est à Pise, Livourne, Gênes, Marseille, Bordeaux. Par lui, la Grèce est comme une prisonnière qui aurait au-dehors des amis pour l'assister, correspondre avec elle, entretenir ses espérances, bientôt préparer son évasion. Ici apparaît toute l'inconséquence de la Turquie qui prétend maintenir sa conquête sous le joug tout en lui laissant tant de portes ouvertes sur le monde.

L'ÉVEIL NATIONAL

Un fait important se produit au XVIIe siècle, le traité de Kutchuk-Kaïnardji (1774), par lequel la Russie obtient de la Porte (ainsi nommait-on autrefois le gouvernement ottoman) la protection des sujets orthodoxes soumis à cette dernière, et l'autorisation pour les Grecs de voyager sous pavillon russe. Les Grecs ne sont plus seuls. Leurs

Les Turcs assiégeant les croisés à Rhodes.

Le sultan Mehmet II Fatih (1451-1481).

Le passé

frères russes se sont faits leurs protecteurs. La Turquie, qui, jusqu'à présent, n'a que peu souffert de la chrétienté désunie, doit compter maintenant avec ces grands Etats modernes, puissamment armés, combien plus dangereux que Venise, son adversaire traditionnel !

C'est à une véritable renaissance grecque qu'on assiste dès lors et qui se poursuivra jusqu'à l'insurrection. C'est ainsi que, à Constantinople, des corporations de métier participent à l'administration de l'Eglise. Partout les

Bombardiers turcs.

communes, ou « dèmes » (ce nom antique leur est resté), deviennent les noyaux du nationalisme. Leurs membres s'entraident sous l'autorité d'un « primat » élu, répartissent entre eux la taxe, composent avec le Turc. Le dème joue un rôle important dans l'instruction populaire, qui était tombée à peu de chose. Au XVIIe siècle, il n'y a encore, en fait d'instituteurs, que des prêtres, eux-mêmes fort ignorants, et qui se contentent de faire réciter par cœur des psaumes et des prières. Au XVIIIe siècle, on voit des maîtres vraiment instruits, et qui, souvent, ont voyagé à l'étranger et subi l'influence de la nouvelle philosophie, initier les jeunes Grecs aux sciences pratiques, à la géographie, à l'histoire, leur rappeler la noblesse de leur sang, le devoir d'attiser en eux la flamme nationale, de mériter l'indépendance.

Notons que la présence turque n'est pas la même partout. Il y a fort peu de Turcs à Chio, à Hydra, à Mykonos, à Psara, autant de lieux qui s'administrent eux-mêmes et qui, comme des Etats satellites, ont des représentants auprès

de la Porte ; et c'est là que se prépare avec le plus d'efficacité le renouveau national.

LES SOCIÉTÉS SECRÈTES

Tandis que l'Eglise se méfie des idées de liberté venues de l'Europe occidentale et surtout de France, la bourgeoisie grecque accueille avec enthousiasme les principes de la Révolution. Dès 1792, les liens franco-helléniques se resserrent et l'on voit flotter sur le port de Marseille, l'antique Phocée, le drapeau bleu et blanc, symbole d'une nation opprimée, mais prête à rompre ses chaînes.

L'occupation des îles Ioniennes par Bonaparte en vertu du traité de Campoformio (1797), puis le projet, caressé par Napoléon, d'une Grèce indépendante placée sous sa protection furent pour les Grecs un encouragement.

Dès 1800, des partis républicains se

manifestent, intégrés au cadre communal. L'évolution démocratique est particulièrement sensible dans les îles Ioniennes, occupées par la Russie en 1800, puis par l'Angleterre en 1809. Les jacqueries soulevées contre les Anglais sont comme une répétition de celles qui se produiront contre les Turcs. Les sociétés secrètes se multiplient en Grèce ou dans les colonies grecques de l'étranger. Ce sont les *Philomuses* à Athènes, l'*Hétaira*, « société amicale », fondée à Odessa, et qui prendra une place prépondérante dans l'insurrection. Celle-ci reçoit l'appui de la Russie. Son chef suprême est un officier russe prohellène, Alexandre Ypsilanti.

Ainsi, la Grèce insurgée est en place. Elle est dans les esprits éclairés comme dans ces bandes de *klephtes* (« voleurs ») qui, poursuivies par les Turcs, ont pris le maquis de Morée. Ce seront les brigades de choc de l'insurrection. Ils ont

Guerre de l'Indépendance. — *Ci-dessus :* **Constantin Canaris, marin, chef de guerre et plusieurs fois ministre.** *A gauche :* **un capitaine et ses palikarès (miliciens grecs).** *Ci-dessous :* **à droite et à gauche, deux héros, Pétrombus et Ypsilanti; au milieu, une femme participant à l'insurrection.**

rendu populaire leur courte jupe évasée, dite « fustanelle », l'homologue du kilt écossais.

FOI, LIBERTÉ, PATRIE

Près de Patras, en Morée, on montre le couvent où l'archevêque Germanos, réfugié là avec André Zamaïs (de Kalyvira) et André Lostos (de Vostitsa), leva l'étendard bleu et blanc de la Grèce libre en poussant, devant quelques centaines d'hommes armés, le cri des Macchabées : « Victoire à Dieu ! » Et l'on a retenu encore de lui ces paroles : « Préparons-nous par nous seuls et pour nous seuls au grand combat de l'Indépendance. Tout notre avenir et toute notre histoire sont enfermés en ces trois mots : foi, liberté, patrie ! »
Cela se passait le 15 mars 1821.
En peu de jours la rébellion gagne toute la Morée. En Epire, le pacha de Jannina, déjà révolté contre les Turcs, se joint au mouvement, tandis qu'Ypsilanti, à la tête d'une troupe peu nombreuse, pénètre dans les régions danubiennes soumises à la Porte et tente en vain de rallier les boyards.
Le sultan Mahmoud, en apprenant la révolte, fait voler les têtes de quelques notables grecs résidant à Constantinople. Dans la nuit de Pâques, des janissaires se sont massés devant le porche de l'église Saint-Nicolas, où le patriarche célèbre la messe. Vers 2 heures du matin, l'office achevé, les portes s'ouvrent et le patriarche apparaît, en tête de son clergé et des fidèles pour une ébauche de procession. Il sait que ses instants sont comptés. Il n'a pas fait deux pas, en effet, que les janissaires se ruent, se saisissent de lui, le pendent à la porte de l'église, tandis que les archevêques d'Anchiale, d'Ephèse, les dix vieillards du Saint-Synode, huit prêtres et un grand nombre de fidèles sont égorgés. Cette même nuit, les Turcs tueront à Constantinople 10 000 chrétiens.
Pendant les six années qu'elle a duré, la Révolution grecque a retenu l'attention du monde, suscité la sympathie des démocrates, inspiré des poètes, comme Hugo (« Chio, l'île des vins, n'est plus qu'un sombre écueil... »), inquiété Metternich, qui ne voyait pas sans frayeur naître une nouvelle nation de tendances démocratiques, au détriment de la Turquie, cette garantie d'ordre dans les Balkans.

LES MAQUISARDS

Pendant la période de 1821 à 1824, la Révolution fait de rapides progrès, spécialement dans les montagnes, domaine

des klephtes, et dans les îles, où des flottes improvisées peuvent tenir en respect les vaisseaux turcs. Dans le détroit de Lemnos, le Grec Tombasis renouvelle à sa manière la bataille de Salamine et rentre à son port avec des paniers pleins de têtes et, sur la poitrine, des chapelets d'oreilles.
Quant à Marathon, c'est le vieux chef Théodore Colocotronis qui en rappelle le souvenir dans les défilés des Dervenakia (Péloponnèse). Nulle lecture ne nous fait mieux revivre la guerre d'indépendance que les souvenirs de ce chef klephte, qui, à l'exemple de nombreux « maquisards », a servi d'abord comme officier dans l'armée turque, puis, sous les Anglais, dans les îles Ioniennes. Il explique fort bien le « style » de cette guerre, où les insurgés évitent autant qu'ils le peuvent les batailles rangées. « Comme Ibrahim me faisait demander pourquoi je m'éclipsais toujours devant lui, semblant me dérober à une bataille franche, je répondis : « Prends 500 ou « 1 000 soldats, j'en prendrai autant « et alors nous nous mesurerons. » (C'était ce même Ibrahim qui envoyait 1 000 hommes armés de hache, sous la protection de la cavalerie, couper tous les arbres qu'ils rencontraient : oliviers, figuiers, mûriers, de rares chênes...) « On se battait partout, ajoute Colocotronis. C'était la seule manière de résister. Il m'était impossible de faire un rassemblement considérable de troupes : parce que je manquais de vivres, parce que je manquais de munitions, parce qu'il ne fallait pas compter vaincre l'ennemi en batailles rangées. »
Dès 1822, la Morée, purgée de ses Turcs, se réunit en congrès à Epidaure,

Le siège de Missolonghi par l'armée d'Ibrahim pacha.

Lord Byron trouva la mort à Missolonghi.

proclame l'indépendance de toute la Grèce, choisit Corinthe pour capitale et appelle à son aide l'Europe. Ce gouvernement forme la synthèse de toutes sortes de petits gouvernements locaux. L'un des premiers actes de l'Assemblée nationale grecque est l'abolition de l'esclavage, dont les Hellènes ont eux-mêmes tant souffert.

LA RÉVOLUTION EN PÉRIL

La Constitution d'Epidaure laissant tout le pouvoir aux notables, les chefs militaires, plus démocrates, et qui désirent participer aux affaires, forment une opposition allant jusqu'à une guerre civile entre Grecs, greffée sur l'insurrection. Ce sont les éléments de « gauche » qui l'emportent enfin sur les notables et prennent en main la direction politique de la Grèce indépendante ; leur personnalité la plus marquante est le Phanariote A. Mavrocordatos.
Mais les chefs politiques de la Grèce rebelle et ses combattants ne peuvent parer, en 1825, les coups portés par Mohammed Ali, vice-roi d'Egypte, venu

Le passé

à travers la Méditerranée avec une flotte plus moderne que celle du Sultan et avec des cavaliers prêts à tout. Pendant deux ans, Mohammed Ali ravage le Péloponnèse. C'est un jour de deuil que celui où le drapeau turc flotte sur l'Acropole. C'en est un autre qui voit le désastre de Missolonghi, dans une lande marécageuse à 16 kilomètres de Patras. C'est dans ce village que le poète Byron est venu s'enfermer avec quelques patriotes grecs harcelés par les Turcs, et qu'il meurt des fièvres. Au mois d'avril de l'année suivante (1825), Rechid pacha et Ibrahim pacha, avec 25 000 hommes, assiègent la place pendant dix mois. A bout de ressources, les défenseurs décident une sortie en masse. La trahison d'un Bulgare fait en partie échouer le projet. 1 800 hommes seulement réussissent à s'ouvrir un passage et à gagner les montagnes; 500 sont tués; les autres, enfermés dans l'enceinte, décident de mourir en beauté et font sauter leur magasin à poudre. Il ne reste qu'une centaine de survivants.

NAVARIN

A la mort du tsar Alexandre Ier, fort influencé par Metternich, et qui était resté l'un des gardiens de la Sainte-Alliance, Nicolas Ier, qui lui succède, entend reprendre la politique russe traditionnelle de poussée vers les Balkans et le détroit du Bosphore. Dès le mois de mars 1826, il adresse au sultan Mahmoud un ultimatum réclamant l'autonomie des provinces danubiennes. L'Angleterre, aussitôt, se rapproche de la

Russie, qu'elle ne veut pas voir intervenir seule dans les affaires ottomanes. La France suit le mouvement et, le 6 juillet 1827, un traité est signé par les trois puissances; la Russie, l'Angleterre et la France décident d'imposer leur médiation entre le Sultan et les Grecs sur la base de l'autonomie de la Grèce, mais demeurée vassale de la Porte. Le même traité stipule qu'une flotte anglo-franco-russe ira établir le blocus de la Morée afin d'arrêter les combats.

En se portant vers la flotte turque, qui se trouve presque tout entière massée dans la rade de Navarin (que les Grecs nomment Pylos), l'escadre de la Triple-Alliance ne se prépare point à une attaque. Il s'agit d'intimider. Mais quoi de plus instable que l'énergie de canons chargés et braqués les uns sur les autres?

D'après le rapport de l'amiral français de Rigny, les événements se seraient déroulés ainsi. A une heure de l'après-midi, les escadres alliées entrent dans la rade de Navarin, les Anglais les premiers. Les forts turcs restent silencieux. Les navires turcs et égyptiens se trouvent rangés en demi-cercle, parallèlement au rivage. Au milieu de cette ligne courbe, les deux vaisseaux amiraux, de Tahir pacha et de Mouharem bey, arborent l'étendard vert frappé du croissant et des étoiles. L'amiral anglais Codrington porte son vaisseau entre ces deux bâtiments et jette l'ancre. En moins d'une heure de manœuvres, les deux escadres se trouvent face à face et presque imbriquées l'une dans l'autre. Un brûlot égyptien se trouvant dangereusement près du vaisseau britannique *Dartmouth*, le lieutenant Fitz Roy reçoit l'ordre de s'y porter en canot

et de le faire éloigner. Un pavillon parlementaire témoigne du caractère pacifique de la manœuvre. Mais, en chemin, le canot reçoit un boulet de canon, qui tue le lieutenant Fitz Roy. Un autre boulet frappe le vaisseau français *Sirène*. L'amiral de Rigny riposte, bientôt imité par les Anglais. La bataille est engagée. Rigny pouvait écrire le lendemain : « L'épouvantable spectacle que nous avons eu sous les yeux pendant quelques heures ne peut trouver de comparaison. Il faut se représenter 150 bâtiments de guerre de tous rangs faisant feu dans un bassin resserré sur une triple ligne, les incendies et les explosions qui en ont été la suite, et tous les malheureux blessés sautant en l'air avec leurs vaisseaux... »

On parla à Londres d'« événement déplorable ». La Triple-Alliance est divisée, et la France, désireuse de gagner des atouts auprès de l'opinion grecque, envoie en Morée une expédition militaire sous le commandement du général Maison, tandis que, en avril, les Russes, après une déclaration de guerre au Sultan, envahissent l'Arménie. En 1829, les Russes sont à 100 kilomètres de Constantinople. Ils ont pris Andrinople, et les Turcs implorent la paix.

LA BAVIÈRE A ATHÈNES

Par le traité d'Andrinople (14 septembre 1829), la Grèce est proclamée autonome. Ce traité semble la conséquence des victoires russes. C'est ce que l'Angleterre redoute et, pour séparer la cause de la Grèce du traité d'Andrinople, elle obtient que, par le protocole de Londres (février 1830), la Grèce soit déclarée Etat indépendant sous une monarchie héréditaire.

Ainsi, la Grèce délivrée est-elle prise en charge par les Etats « protecteurs » de son indépendance, jugée encore incapable de s'administrer elle-même. Et il est vrai que l'anarchie règne dans tout le pays et que la violence n'a pas désarmé. Un ancien ministre du tsar, Jean Capo d'Istria, ayant tenté en 1827 d'imposer sa dictature, est assassiné par deux rejetons de la puissante famille péloponnésienne des Mavromikhális (1831).

On donne alors à la Grèce un roi bavarois encore mineur, Othon Ier. Cette minorité implique une régence. Elle est attribuée au comte Armansperg, flanqué d'un conseil de régence. On se trouve donc en présence de cette situation extraordinaire : la Bavière établie à Athènes, des soldats bavarois mon-

La bataille de Navarin (20-21 octobre 1827).

tant la garde devant le palais royal, un catholique régnant sur des orthodoxes.

Le règne d'Othon est celui du romantisme politique, réactionnaire pourtant, à la mode de Metternich. Le roi dissimule mal sa défiance à l'égard du peuple grec. 10 000 combattants de l'indépendance meurent de faim, exclus d'une armée où Othon ne veut que des Bavarois. Les paysans retombent sous les impôts plus lourds qu'au temps des Turcs. Point d'autres partis que ceux de l'Angleterre, de la France et de la Russie...

La Grèce d'Othon est petite. Sa frontière passe au sud de l'Epire, de la Thessalie. Elle la sépare des îles Ioniennes, de la Crète et des îles voisines de l'Asie Mineure, comme Chio. Or, beaucoup de Grecs rêvent d'une grande Grèce, étendue comme l'antique Byzance. Ce panhellénisme (la « grande idée ») manque assurément de réalisme. Elle n'en est pas moins un puissant ferment de vie politique.

Le peuple grec supporte mal l'ingérence de l'étranger (la *xénocratie*), et, dans la nuit du 2 au 3 septembre 1843, des Grecs armés encerclent le palais d'Othon. Le Conseil d'Etat, aussitôt réuni, réclame du roi une Constitution. Celle-ci est votée en mars 1844. Conservatrice, cette Constitution accorde néanmoins au peuple grec l'égalité entre les citoyens, la liberté individuelle et celle de la presse, le droit d'association. Une

Chambre des députés élue au suffrage censitaire, un Sénat nommé à vie par le roi achève de donner à la monarchie un caractère parlementaire.

Cette réforme ne rend pas à la Grèce la paix intérieure. Elle reste tiraillée entre la dictature du ministre Colletis, soumis à tous les désirs d'Othon, et l'influence des trois nations « protectrices » : la Russie, l'Angleterre et la France. Un fait montre à quel point la Grèce s'appartient peu. Il suffit des revendications d'un financier israélite, David Pacifico, qui se dit créancier du gouvernement grec, pour que l'Angleterre, saisissant ce prétexte, fasse le blocus des côtes au début de 1850.

En 1862, Othon doit abdiquer devant une révolte générale qui a gagné la garnison d'Athènes. Il laisse peu de regrets.

GEORGES Iᵉʳ, ROI DES HELLÈNES

On cherche un nouveau roi pour la Grèce. L'Angleterre présente à l'Assemblée nationale la candidature du prince Guillaume Georges Glycksbourg de Danemark. Agréé, il monte sur le trône avec le titre de Georges Iᵉʳ, roi des Hellènes (octobre 1863).

En dot, l'Angleterre lui cède les îles Ioniennes, qu'elle possède en vertu du traité de Vienne. La Constitution qui succède à la précédente peut être dite « démocratique ». Elle formule que tout pouvoir émane de la nation, limite les

prérogatives de la Couronne, prévoit que le pouvoir législatif appartient à une seule Chambre élue au suffrage universel. Le pouvoir exécutif appartient au roi, qui l'exerce avec des ministres responsables.

La Grèce a maintenant une vie politique. Trois grands partis se partagent l'opinion : les conservateurs, placés sous l'influence anglaise ; les libéraux, qui limitent leurs revendications à des réformes administratives ; les radicaux, demeurés fidèles à la « grande idée », et qui insistent particulièrement pour que la Crète soit rendue à la Grèce. En 1862, un mouvement de révolte éclate dans l'île, toujours soumise à la Turquie. Un gouvernement local est constitué, qui proclame le rattachement de la Crète à la Grèce. Il paraît au gouvernement alors en place à Athènes, avec Charilaos Tricoupis pour ministre des Affaires étrangères, que le moment est venu de lancer contre la Turquie une action commune. Tricoupis tente de rallier le vice-roi d'Egypte, les Roumains, les Monténégrins, la Serbie. Le roi Georges, inspiré par l'Angleterre, met fin à cette croisade. Le gouvernement de Coumoundouros doit démissionner. Tout se termine par la conférence de Paris (1869), où la Grèce n'est même pas représentée. Il est décidé que la Crète restera possession

Le passé

turque, mais gouvernée par des statuts spéciaux, concédés par le Sultan dès 1865.

Si la « grande idée » semble plus que jamais une chimère, la Grèce, bien que fort en retard sur les peuples d'Occident, a cessé d'être le malheureux pays épuisé par l'occupation turque. L'agriculture, le commerce se développent, et principalement le commerce maritime. Les compagnies de navigation grecques occupent le dixième rang des nations maritimes. On observe surtout ce fait : la bourgeoisie grecque n'est plus seule-

Caricature de Cham sur les rois de Grèce au XIXᵉ s.

Caricature de Daumier sur les relations gréco-britanniques au XIXᵉ s.

ment composée de marchands, mais aussi de banquiers, d'armateurs, d'industriels. Plus que jamais cette bourgeoisie semble appelée à jouer un rôle prépondérant dans la nation, et le

Une des premières photos de l'Acropole, avec les tours élevées par les Turcs.

Sa Majesté Georges Iᵉʳ, roi des Hellènes, et la reine Olga.

jouera en effet sous les ministères successifs de Tricoupis (1875 à 1895). La partie la plus visible de cette politique de progrès économique est dans les grands travaux : percement de l'isthme de Corinthe, développement du réseau ferroviaire, aménagement moderne des ports.

Cependant, la plaie du régime grec est dans la mauvaise gestion des finances publiques. La Grèce ne vit que d'emprunts à des Etats étrangers et à des banques privées. Le déficit budgétaire reste chronique.

LE CONGRÈS DE BERLIN

En 1878, le Congrès de Berlin, après une courte guerre russo-turque, au cours de laquelle les Grecs font une courte intrusion en Thessalie, tente un règlement de la question d'Orient ; la Grèce, qui réclame la Thessalie, l'Epire et la Crète, n'obtient que des promesses. La Crète reste sous la domination turque, tandis que Chypre est occupée par les Anglais. Le Congrès limite les avantages accordés par la Russie à la Serbie et au Monténégro, et entérine l'existence d'une nouvelle principauté bulgare autonome, au nord de la chaîne des Balkans. Ce n'est qu'en 1881 que la Grèce, grâce à l'intervention de Glad-

stone, obtient la Thessalie et la province d'Arta.

L'Europe, dès 1871, doit compter, dans les affaires d'Orient, avec le bloc germanique, dirigé par Bismarck. La pénétration économique et politique de l'Allemagne en Turquie concurrence celle de l'Angleterre et de la France. L'œil de Bismarck demeure en même temps fixé sur la Macédoine, véritable route du *Drang nach Osten* pour le nouvel empire d'Allemagne. Cette province, à la population inextricablement mêlée, où se confondent Grecs, Serbes, Bulgares, Roumains, est une terre d'élection pour les revendications nationales et les machinations diplomatiques.

UN HOMME D'ÉTAT, VENIZÉLOS

Les échecs de la politique nationale, dont le plus cuisant est la défaite imposée à l'armée grecque par les Turcs en Thessalie (1897), échecs imputés au double jeu de la cour royale, aux ordres des nations étrangères, provoquent la révolte de la Crète en 1905. Les insurgés se trouvent sous la conduite du ministre de la Justice et des Affaires étrangères de l'île, Eleuthérios Venizélos.

Cette révolte échoue, mais elle a mis en

vedette la personnalité de ce jeune Crétois à l'étoffe d'homme d'Etat. Lorsqu'en mai 1909 une ligue militaire exige la réforme de la vie politique et l'éloignement des princes de tout commandement militaire, c'est à Venizélos que le roi fait appel.

L'œuvre de Venizélos est d'abord politique; il impose une Assemblée révisionniste (février-juin 1911), qui élabore une nouvelle Constitution. En juriste, le Crétois précise les bases d'un véritable *droit public,* grande nouveauté en

Soulèvement de 1897 contre les Turcs : « les Mauvaises Nouvelles ».

Grèce, qui, depuis son indépendance, n'a vécu qu'à l'aide d'une législation d'occasion. Cette œuvre est aussi administrative. Les services de l'Etat sont réorganisés. Une mission anglaise préside à une réforme de la marine, une mission française, à celle de l'armée. Enfin, dans le domaine social, les impôts sont atténués, on crée des coopératives agricoles, les mouvements ouvriers ne sont plus regardés a *priori* comme séditieux. Le syndicalisme est autorisé et même institué par la loi.

Depuis l'indépendance, la Grèce, constamment jugulée par sa monarchie et les puissances « protectrices », n'a connu que des échecs militaires. Enfin, en 1912, elle va connaître le succès des armes. La question d'Orient, ce jardin de délices pour les diplomates, a changé de visage. La Turquie, entraînée par le mouvement « Jeune-Turc », s'est rapprochée de l'Allemagne, ce qui pousse l'Angleterre à soutenir la Grèce sans arrière-pensée et à ne plus ménager l' « homme malade », dont le regain de santé ne lui dit rien de bon. Ainsi, le peuple grec, lorsqu'il va se battre contre les Turcs, avec l'alliance de la Serbie et de la Bulgarie, n'est plus entravé par l'Angleterre et son fidèle représentant à Athènes, le roi. L'armée grecque entre à Salonique, occupe Jannina, capitale de l'Epire, tandis que la marine libère les îles de la mer Egée. Par le traité de Londres (30 mai 1913),

Cavaliers grecs.

les frontières turques sont reportées à Evros. Tout le territoire à l'ouest de ce fleuve est concédé aux Alliés. La souveraineté de la Grèce sur la Crète est reconnue.

Après la victoire, les Alliés ne peuvent plus s'entendre sur le partage des dépouilles. A qui la Macédoine ? à qui la Thrace ? Une nouvelle guerre éclate entre la Bulgarie d'une part, ses anciens alliés, la Turquie et la Roumanie

Le passé

d'autre part. La Grèce profite abondamment du nouveau conflit. Par le traité de Bucarest, elle reçoit en effet une grande partie de la Macédoine, avec Thessalonique, la Chalcidique, Cavalla, l'Epire méridionale. Sa possession de la Crète est confirmée.

PREMIÈRE GUERRE MONDIALE

Pendant la Première Guerre mondiale, la Grèce offre le spectacle singulier d'un peuple déchiré entre deux tendances ennemies : la tendance germanophile, représentée par le roi Constantin, la tendance alliée, représentée par Venizélos.

Quand les Alliés entreprennent l'expédition des Dardanelles, Venizélos propose l'entrée en guerre de la Grèce ; Constantin l'oblige à démissionner. Revenu à la faveur des élections, lors de l'invasion de la Serbie, il veut tenir les engagements pris en faveur de cet ancien allié, mais doit, à la demande du roi, démissionner de nouveau.

Il constitue alors à Thessalonique, sous la protection des Alliés, un gouvernement républicain et encourage le général Sarrail à débarquer des fusiliers marins français au Pirée. Après l'occupation de la Thessalie, un ultimatum des Alliés enjoint au roi d'abdiquer, ce qu'il fait, abandonnant le trône à son second fils Alexandre, qui rappelle aussitôt Venizélos. Dès le 26 juin, la Grèce déclare la guerre aux Empires centraux, apportant aux Alliés le renfort de 10 divisions.

En novembre 1919, par le traité de Neuilly, la Grèce reçoit la Thrace occidentale et la côte égéenne autour de Dédéagatch, et, par le traité de Sèvres (1920), la Thrace orientale, les îles d'Imbros et de Tenedos, la région de Smyrne, aux dépens de la Turquie. Une fois de plus, cependant, la Grande-Bretagne use de son influence pour lancer la Grèce, en 1920, contre la République turque, qui, sous la dictature de Mustapha Kemal, a exprimé contre le traité de Sèvres une vive opposition. Les troupes grecques débarquent en Ionie. Mais, sur ces entrefaites, le peuple grec, appelé aux urnes au moment même où la Grèce va tenter de réaliser la « grande idée », donne la majorité aux royalistes et ramène le roi Constantin. Cela suffit pour que l'Angleterre et la France renoncent à soutenir Venizélos dans son entreprise. Celle-ci tourne au désastre. Le littoral d'Asie Mineure doit être évacué, et c'est par centaines de mille que les réfugiés grecs affluent dans la mère patrie. Venizélos doit s'exiler.

1. Le croiseur « Georgios-Averof » participa à la guerre gréco-turque de 1913. 2. Le grand homme d'État Eleuthérios Venizélos (ici à la fin de sa vie). 3. Combats au bord du lac de Jannina, la capitale de l'Épire. 4. En Macédoine, la foule attend le prince Constantin pour fêter sa libération du joug bulgare. 5. Le drapeau de la patrie hellène offert au 4ᵉ régiment de la division de Serrès. 6. Le roi Constantin Iᵉʳ et sa famille.

VINGT ANS DE CRISE

Le calendrier de la Grèce, jusqu'à la Seconde Guerre mondiale, témoigne d'un permanent état de crise.

Septembre 1922. Des officiers vénizélistes, entraînés par le colonel Plastiras, obligent Constantin à abdiquer en faveur de Georges II, qui gouverne avec le comité révolutionnaire de Plastiras.

Juillet 1923. Par le traité de Lausanne, la Grèce doit renoncer à Smyrne ainsi qu'à la Thrace à l'ouest de la rivière Evros, et accepter d'échanger les minorités avec ses voisins.

Décembre 1923. Les élections sont un succès pour les vénizélistes, et Georges II se retire en laissant la régence à l'amiral Koundouriotis.

Mars 1924. La république est proclamée par un plébiscite, l'amiral Koundouriotis devenant président. La République grecque ne dure que onze ans. Onze ans de désordre, de difficultés financières, de prises de pouvoir par des généraux, puis une dictature de fait de Venizélos.

Mars 1935. Le général Condylis prend le pouvoir et abolit la république. Georges II retrouve son trône, et Venizélos part définitivement pour l'exil. Ce sera désormais, avec la protection du roi, la dictature du général Metaxas, d'août 1936 à sa mort, en janvier 1941.

SECONDE GUERRE MONDIALE

Le 28 octobre 1940, un ultimatum adressé par Mussolini à la Grèce est rejeté. Le même jour, à 5 h 30, les troupes italiennes ont franchi la frontière d'Albanie et envahi le territoire grec d'Epire. A Florence, Hitler, qui a instamment demandé à Mussolini de « garder hors de la guerre » les régions balkaniques, est placé devant le fait accompli.

100 000 hommes, une bonne artillerie, une misérable aviation, telles sont les forces grecques commandées par le général Papagos, qui doivent faire face à 200 000 Italiens, fortement armés, motorisés et protégés par une puissante aviation. Ce que Hitler a redouté se produit ; les Italiens sont repoussés bien au-delà des frontières de la Grèce, en pleine Albanie. Il faut le rude hiver pour que l'armée italienne soit sauvée d'un complet anéantissement.

Il est inévitable que les forces du IIIe Reich, qui ont déjà neutralisé la Hongrie et la Roumanie, s'emploient à réparer l'échec de Mussolini. La révolution anti-hitlérienne de Belgrade hâte cette intervention, et c'est simultanément que les divisions motorisées de Hitler envahissent la Yougoslavie et la Grèce.

Le roi Paul Ier et sa famille.

Guérilleros grecs dans les monts Gramos, en 1948.

Le général Papagos (1883-1955).

Le général Plastiras en 1950.

Celle-ci ne dispose pour se défendre que de 14 divisions. La Grande-Bretagne, en outre, malgré l'imminence d'une attaque de Rommel, a prélevé 60 000 hommes en Cyrénaïque et les a débarqués au Pirée et à Volo.

Une fois de plus les *Panzerdivizionen*, machine de guerre sans défaut, ont raison d'un adversaire en retard de quelque vingt ans par sa stratégie et son matériel. Il suffit de quinze jours pour que les divisions de Metaxas soient anéanties, et les Britanniques contraints de se rembarquer pour l'Afrique avec de lourdes pertes.

Grâce à leur supériorité aérienne, les Allemands vont couronner leur succès par la conquête de la Crète, accomplie au moyen des seules forces aéroportées. C'est le 20 mai 1941 que 6 000 parachutistes sont largués au-dessus de l'île et, en moins de dix jours, l'occupent tout entière.

GUERRE CIVILE

Le 27 septembre, l'E. L. A. S. est formée clandestinement ; c'est l'armée nationale populaire de Libération. Qu'elle soit d'esprit communiste, nul ne le nie. Et c'est pourquoi les partis de droite, en exil à Londres, puis au Caire, auprès de Georges II, forment, en guise de contrepoids, les groupes de Résistance nationalistes E. D. E. S. et E. K. K. A. Il n'est pas difficile de prévoir ce qu'il

adviendra, plus tard, lors de la Libération. Le 12 octobre 1944, cette libération accomplie, on peut voir dans les rues d'Athènes des membres de l'E. L. A. S. défiler, hirsutes, amaigris par une guérilla de trois ans, le poing levé et chantant *l'Internationale*. Ces klephtes sont armés. Les Anglais, par la personne du général Scobie, exigent le désarmement de l'E. L. A. S. Un gouvernement de gauche démissionne. Lors d'une manifestation à Athènes, la police tire. Il n'en faut pas davantage pour que, à travers le pays, une véritable guerre civile éclate et transforme la Grèce en une sorte d'Espagne déchirée.

Dans les montagnes, l'E. L. A. S. a le soutien des « démocraties populaires » : la Yougoslavie, l'Albanie, la Bulgarie. Cette collusion légitime un appel du gouvernement grec à l'O. N. U. ; la paix dans cette partie du monde est en danger. Le rôle de « gendarme » en Grèce n'est point assumé, cette fois, par l'Angleterre, mais par les Etats-Unis, qui prêtent un puissant appui moral et matériel au gouvernement d'Athènes pour l'anéantissement des guérilleros. Ce qui contribue à assurer leur succès aux « forces de l'ordre », ce sera pour beaucoup le schisme qui sépare Tito de Staline. Les frontières yougoslaves ne sont plus ouvertes aux partisans grecs. Désormais, le parti communiste ne vivra plus que dans la clandestinité et sera réduit à peu de chose.

Le présent

Avec ses 437 îles et îlots, la plupart désertiques, car seulement 134 sont habités, la Grèce est comme un immense rocher éclaté sur trois mers. 30 p. 100 de son territoire seulement sont devenus cultivables — avec des terres pourtant bien moins fertiles que celles des pays voisins —, et tout le reste n'est que montagnes, rocailles et rocs émergés. Aussi, cette terre pétrie d'histoire, admirablement belle mais ingrate, n'est-elle pas en mesure de répondre aux besoins d'une population de plus en plus pléthorique.

En 1900, la Grèce comptait 2 500 000 habitants, 6 367 000 en 1930 ; elle va bientôt dépasser 9 millions. Le rapport entre la population, le peu de surfaces cultivables et des richesses naturelles limitées conditionne la Grèce actuelle. Ce pays poursuit un effort de développement dont les impératifs se trouvent pratiquement liés aux facteurs politiques, toujours aussi prépondérants. Au point que le redressement, la reconstruction et le développement économique et social d'une Grèce saignée à blanc par la Seconde Guerre mondiale, par une triple occupation (allemande, italienne et bulgare) et par une tragique sédition épousent étroitement la courbe de ses péripéties politiques. En fait, ce n'est qu'à partir de 1949 que, la discorde au teint livide faisant une trop courte pause, la Grèce a pu reprendre haleine, panser ses plaies, relever ses

Manifestation de soutien, à Athènes, aux Chypriotes grecs et à Mgr Makarios.

ruines et se consacrer à sa reconstruction, puis à son développement.

LA VOCATION DES GRECS

Presque totalement ruinée et dévastée, la Grèce n'aurait jamais pu réaliser seule le treizième travail d'Hercule, si elle n'avait été aidée et soutenue par ses amis et alliés. La Grande-Bretagne, puissance traditionnellement amie et protectrice, se trouvant elle-même dans de graves difficultés économiques et financières, passa en mars 1947 le relais aux Etats-Unis. L'aide américaine et une étroite coopération économique

et technique avec ses alliés occiden-
taux permirent à la Grèce non seulement de liquider les hypothèques de la
guerre et de la sédition, mais aussi de
faire un prodigieux bond en avant.
Aujourd'hui, Athènes est certainement
une jolie et moderne capitale.
Seulement, après une période de stabi-
lité politique et de progrès économique
permettant au pays de relever ses
ruines, de s'industrialiser, de mettre
en place d'efficaces infrastructures, et
alors que son plein épanouissement
exigeait la continuité politique et des
institutions rationnelles, stables, la
Grèce allait se séparer de la communauté des Etats démocratiques.
Le 21 avril 1967, une junte de colonels s'emparait des leviers de l'Etat.
Et ce putsch, effectué par une fraction
de l'armée, illustrait la disproportion
qui existait entre un remarquable
rythme de développement économique
et social et l'inaptitude d'un monde
politique dépassé à construire un authentique Etat démocratique.
C'est le déclin politique et la déchéance
progressive du parlementarisme qui
conduisirent peu à peu la Grèce à la
révolution militaire de 1967. Cependant, ce double phénomène n'était pas
une sécrétion du régime, mais plutôt
la résultante des conditions dans lesquelles la démocratie s'était réinstal-
lée dans ce pays, après la dictature
de Jean Metaxas et les épreuves de
l'après-guerre.
La Libération coïncida avec la révolution communiste de décembre 1944,
qui fut suivie de la tragique sédition
de 1946-1949. Ces nouvelles saignées,
en accentuant la méfiance des classes
dirigeantes, de la bourgeoisie, d'une
partie des masses populaires envers
des concepts démocratiques plus « en-
gagés », ajoutèrent au complexe créé
par des conditions très particulières à
la Grèce.
Depuis 1920, alors que le communisme
trouvait dans ce pays un terrain favorable et se développait régulièrement,
aucune forme de socialisme occidental
ou de démocratie libérale moderne ne
parvint à se préciser. Exerçant une
sorte de monopole des idées progres-
sistes, le communisme grec, par ses
options internationales et balkaniques,
se rendit suspect aux yeux de l'immense
majorité de la population.
La lutte pour l'indépendance, la
conscience très nette de la « pesée
slave », un profond patriotisme et aussi
une extrême sensibilisation pour tout ce
qui pouvait menacer l'unité et l'intégrité
nationales coupèrent l'extrême gauche
des masses démocratiques et sociali-
santes.

**Les evzones
devant
le monument
aux morts
à Athènes.**

Une cascade de putsches et de coups
d'Etat militaires, de 1920 à 1935, le jeu
propre aux extrémistes de gauche ajoutèrent à la confusion découlant du fait
qu'entre ces derniers et les formations
politiques du centre et de la droite
aucune force vraiment organisée ne
constituait un élément d'équilibre.
De nombreux facteurs économiques et
sociaux, mais aussi politiques et psychologiques peuvent également expliquer
cette réticence de très nombreux Grecs
envers une démocratie plus progres-
siste. Depuis la chute de Byzance, la
Grèce n'a eu ni féodalité, ni noblesse
égoïste, ni « koulaks ». Les conditions
sociales n'ont jamais été institutionnali-
sées, et les confrontations idéologiques
ou plus simplement politiques n'eurent
pas les motivations profondes qui, dans
d'autres pays européens, résultent, en
partie, des structures politico-sociales.

LE POUVOIR AUX CIVILS

Les premières structures sociales de la
Grèce moderne furent bouleversées par
une série d'épreuves nationales : les
guerres balkaniques, la désastreuse
campagne en Asie Mineure, deux
guerres mondiales, l'Occupation, les
tragédies internes. Enfin, ce pays est
passé, souvent brutalement, de la monarchie à la république, de la dictature
à des formes plus ou moins libérales
de gouvernement. Au lendemain de la
Libération, le peuple grec, ruiné, épuisé
et traumatisé, attendait qu'une démocratie fortement structurée se précise et
s'installe dans le cadre d'une monarchie toujours considérée comme une
nécessité nationale.
A l'issue de la tragédie nationale de
1946-1949, la Grèce aurait eu besoin

d'un monde politique rénové, conscient
des impératifs économiques et sociaux,
sensible à la lente gestation en cours.
La reconstruction du pays, l'améliora-
tion, lente mais constante, des conditions de vie, l'apparition de nouveaux
cadres, une promotion sociale activée
par le rythme de développement, une
nette ouverture sur le monde extérieur
ont contribué à créer de nouvelles conditions politiques. Les partis et formations politiques n'ont pas épousé la
courbe d'évolution générale du pays.
Sombrant une fois de plus dans la
« politicomanie », ils ne purent éviter
des évolutions totalement contraires au
génie, au tempérament et à la vocation
historique du peuple grec.
L'agitation politique, mais également
sociale, devint telle que le nœud gor-
dien qui en résulta devait être tranché
par le glaive. Mais, alors que personne
ne s'y attendait, les militaires cédèrent
volontairement le pouvoir aux civils
dans la soirée du 23 juillet 1974, sept
ans après le coup d'Etat.
La dictature était tombée, en quelque
sorte, d'inanition. Impopulaire à l'intérieur, discréditée et isolée à l'extérieur, malgré le soutien des Etats-Unis,
singulièrement affaiblie par les dissensions au sein de l'équipe dirigeante,
elle ne parvenait plus à assumer les
charges d'un pouvoir qui lui échappait
déjà virtuellement. L'aventure chypriote (voir p. 45) porta un coup fatal
au régime de la *révolution nationale*.
Rappelé de son exil parisien, l'ancien
président du Conseil Constantin Caramanlis, qui s'était engagé à rétablir la
démocratie, alla vite en besogne. Il
proclamait une amnistie générale et
libérait tous les prisonniers politiques
dès le 24 juillet ; il restituait la natio-

Le présent

nalité à ceux qui en avaient été privés et autorisait le retour des exilés; la censure sur la presse était abolie et tous les partis politiques, y compris ceux de l'extrême gauche, reprenaient leurs activités au grand jour.

La majorité des Grecs (79 p. 100) participa aux élections de novembre 1974. Pour beaucoup d'entre eux, Caramanlis restait l'homme de la situation, et le parti qu'il avait fondé deux mois plus tôt, Nea Demokratia (Démocratie nouvelle), recueillit 54 p. 100 des suffrages. A ces mêmes élections, l'Union du centre-Forces nouvelles obtenait 20,4 p. 100, le mouvement socialiste panhellénique 13,5 p. 100, et la gauche unie 9,5 p. 100.

Le 8 décembre 1974, la population grecque se prononçait en faveur de l'abolition de la monarchie, mais un article de la Constitution autorisait l'ex-roi Constantin à former un parti politique, et même à se porter candidat à la fonction présidentielle.

La sortie d'un quotidien, à Athènes.

LA PRESSE ET LES LOISIRS

Ce caractère essentiellement politique de la Grèce est illustré, entre autres, par la presse de ce pays. En dépit d'une très nette et très heureuse évolution qui lui permet de couvrir les trois cent soixante degrés de l'actualité nationale et internationale, la presse grecque demeure avant tout politique. Le reportage, les commentaires, les controverses, campagnes et caricatures politiques sont caractéristiques des journaux grecs, sans exception.

Le nombre des quotidiens est important. Athènes en compte vingt et un, dont certains, comme celui du soir, *Ta Néa*, connaissent de forts tirages, proportionnellement à la population bien entendu. La province compte également quelques quotidiens qui ne le cèdent en rien à ceux de la capitale.

D'autre part, le nombre des revues, illustrés, hebdomadaires et périodiques de tous genres est considérable.

La Grèce ne possède qu'un poste de télévision expérimental à Athènes. Mais, par contre, la radio est fort bien organisée. Elle compte des centres émetteurs à Athènes, Salonique, Corfou, Rhodes et La Canée. Une nouvelle et puissante station va être construite dans l'île de Zante et couvrira la Grèce occidentale. Le nombre des auditeurs possédant un poste récepteur est évalué à 2 000 000. L'importance de la presse écrite, la large audience dont bénéficie la presse parlée sont des signes de la rapide transformation sociale de la Grèce, dont la population fait preuve d'une grande soif de connaissances, mais aussi de loisirs.

C'est ainsi que le théâtre grec a réalisé de réels progrès durant ces dernières années. Le théâtre d'Art, le Théâtre du Pirée, la Compagnie D. Myrat ont remporté de vifs succès au cours de tournées à l'étranger. En Grèce même, les représentations de tragédies antiques au théâtre d'Epidaure par le Théâtre royal de Grèce constituent tous les ans un événement artistique de retentissement mondial. D'autre part, à Athènes, en une seule année, 39 théâtres ont monté 78 pièces, dont 39 d'auteurs grecs. Le public du théâtre représente en moyenne plus de cinq millions de spectateurs par an.

De même, le cinéma, qui demeure la principale source de distraction pour une large fraction du peuple, se développe rapidement, et le nombre des salles, dont plus de la moitié est de plein air, augmente régulièrement. La production cinématographique grecque est d'environ 80 à 90 films par an, parmi lesquels de nombreuses coproductions. Certains films grecs ont été appréciés sur le marché international.

Enfin, en dehors des concerts, des expositions, du music-hall, des traditionnelles « paréas » dans les tavernes et des excursions à la mer ou à la montagne, le sport est l'un des principaux loisirs du peuple grec. Le football, plus particulièrement, attire d'énormes foules dans les stades et autour des terrains.

UN PAYS AGRICOLE

Les Grecs sont cependant plus préoccupés de pain que de jeux, et les soucis quotidiens demeurent leur lot familier. Le Grèce reste en effet un pays où certains sont abusivement riches — une très petite minorité —, alors que les autres demeurent excessivement pauvres. Ce grave déséquilibre facilite un peu trop la promotion sociale de ceux qui ont de l'argent et aggrave le sort de ceux qui n'en ont pas. Il constitue toujours une source de confrontations sociales, mais, fort heureusement, il tend sinon à disparaître, du moins à s'atténuer. Car, terre des mythes et des légendes, la Grèce n'est nullement le pays de fabuleux armateurs ou de gros pontes de casinos, mais bien celui d'un peuple sain, honnête et laborieux, trop longtemps marié à la misère, et qui veut, lui aussi, tenter son « escalade » économique et sociale. Seulement, les réalités nationales rendent cette escalade encore difficile et lente.

La Grèce est en effet un pays foncièrement agricole, dont les surfaces cultivées ne représentent, en dépit de nombreux et importants travaux d'irrigation, de bonification et de récupération des terres, que 30 p. 100 de son sol. Sur ces terres trop souvent déshéritées, dans des villages encore loin du niveau de développement des centres urbains, vit une population de 1 955 000 personnes, soit 23,2 p. 100 de la population totale ou 53,4 p. 100 de la population active. Cette population paysanne, qui cultive le blé, le maïs, le tabac, le coton, les raisins, l'olivier, les oranges et les agrumes, qui pratique beaucoup moins l'élevage faute de prairies et de pâturages, travaille dans des conditions qui ne sont en rien comparables à celles des autres pays européens. Cela tient à la nature du sol, certes, mais aussi à l'absence d'une véritable infrastructure agricole. Il est exact que la condition actuelle du paysan grec n'est nullement comparable à celle de l'avant-guerre ou de la période pré-balkanique d'avant la Première Guerre mondiale, mais il n'en reste pas moins que, sur des terres insuffisantes et ingrates, une population rurale pléthorique se trouve condamnée à une double émigration, intérieure et extérieure.

Une bonne partie de la population grecque est indigente — mais d'une pauvreté digne et nullement choquante, comme dans d'autres pays méditerranéens — et, partout, la misère demeure

Le travail
de la terre est
particulièrement
dur en Grèce,
où les céréales
ne poussent
jamais bien haut.

s'adapte fort bien aux emplois de l'industrie. Cette dernière fait, par ailleurs, des progrès constants. La Grèce dispose désormais de quelques grosses industries de niveau international : aluminium, haut fourneau pour la production de l'acier, raffinerie de pétrole, produits chimiques, chantiers navals, ciment, caoutchouc, etc.

Cependant, l'industrialisation ne pouvant dépasser certaines limites fixées par les possibilités nationales et ne pouvant donc assurer des débouchés répondant à la demande d'emplois, c'est l'artisanat qui tend à se développer rapidement. L'artisanat rural, encouragé et modernisé, permettra de retenir une partie des jeunes que chassent le sous-emploi et le chômage. D'une façon générale, les produits des arts grecs faits à la main trouvent de

Réfugiés grecs
chassés de Turquie,
en 1964.

la sombre compagne du paysan. Aussi à peine a-t-il l'âge de travailler — et en Grèce on commence à travailler dès l'enfance —, que le jeune paysan quitte son village pour gagner la ville ou s'expatrier.

L'ÉMIGRATION

L'émigration en Grèce est donc une donnée fondamentale de géographie humaine, à la fois par sa permanence et par les conditions psychologiques créées de longue date, et pour le rôle considérable qu'elle joue dans la vie nationale et locale.

L'émigration, qui avait pris une ampleur considérable pendant les vingt premières années du XXe siècle, recommença, en 1946, à un rythme assez lent. Mais les directions prises par les émigrants se sont transformées. Depuis 1948, les Etats-Unis n'accueillant plus qu'une minorité d'émigrants grecs, plus des deux tiers d'entre eux se dirigent vers le Canada, l'Afrique du Sud et surtout l'Australie. De 1955 à 1960, l'émigration s'est élevée officiellement à 191 537 personnes, mais il faut également compter avec une émigration non enregistrée. Aujourd'hui, l'hémorragie tend à s'accentuer de plus en plus. Le salaire horaire étant, en moyenne, trois fois plus élevé dans les pays du Marché commun, quelque 225 000 personnes se sont expatriées — principalement vers

l'Allemagne — entre 1968 et 1972, contre 150 000 pendant les cinq années qui ont précédé la révolution militaire. La répartition régionale de l'émigration atteste un nombre considérable de départs de l'Epire, réservoir traditionnel d'émigrants, de la Thrace, de la Thessalie, de la Crète, du Péloponnèse et de la Macédoine occidentale. Cependant, l'émigration ne paraît plus aussi directement liée à la tradition ou à la pauvreté. Même des régions relativement riches subissent désormais l'attraction de l'étranger.

Et ceux des jeunes ruraux qui ne se rendent pas à l'étranger de façon temporaire ou définitive gagnent les centres urbains, déjà surpeuplés du fait des déplacements de population provoqués par la sédition et les conditions de vie dans les campagnes. Ils n'y trouvent pas encore les emplois réguliers et stables qu'ils recherchent, car l'industrialisation n'est encore qu'à l'état embryonnaire.

L'INDUSTRIE

Cependant, les perspectives d'un développement rapide existent et sont fondées sur les richesses naturelles du pays, qui, bien que limitées, sont tout de même appréciables, et sur le facteur humain. L'ouvrier grec, une fois qualifié et spécialisé, est des plus productifs et, même lorsqu'il n'est qu'un « déraciné »,

plus en plus de débouchés intéressants. Les tapis, les broderies, les tissus populaires, les objets de bois sculptés, les céramiques sont recherchés par les étrangers et assurent de meilleurs moyens d'existence à une partie importante de la population.

Enfin, les autorités encouragent l'initiative privée, s'efforcent de créer l'infrastructure appropriée au développement industriel dans le cadre de l'association à la Communauté économique européenne et, pour cela, facilitent les crédits industriels et favorisent les investissements étrangers.

LES CHEMINS DU COMMERCE

Comme bien des peuples économiquement peu favorisés par la nature, les Grecs ont toujours été portés vers le commerce, où ils excellent, et ce dans le monde entier. Le nombre des commerçants est donc fort important en Grèce, ainsi que le nombre de ceux qui exercent des activités commerciales « parallèles », parfois aussi originales qu'astucieuses.

L'armée moderne : défilé des cadets en grand uniforme.

A sa vocation commerciale, le Grec a traditionnellement lié sa vocation maritime. Il s'est toujours lancé sur les chemins maritimes les plus lointains, et la marine marchande grecque a toujours constitué non seulement un facteur principal de l'économie nationale, mais aussi un efficace instrument de rayonnement pour l'hellénisme.

Actuellement, l'industrie, le commerce et le tourisme sont en pleine expansion, grâce, notamment, aux investissements de l'Etat, qui ont quadruplé de 1968 à 1974, aux crédits bancaires à faibles intérêts, aux subventions accordées avec générosité à l'entreprise privée. Jamais les bénéficiaires n'avaient été aussi nombreux. Jamais non plus la Grèce ne s'était autant endettée en si peu de temps : les créances étrangères passèrent de 1,1 milliard de dollars en 1967 à plus de 3 milliards en 1973. A partir du 1er janvier 1974, Athènes devait verser 300 millions chaque année en devises étrangères pour intérêts et amortissements des emprunts — ce qui était évidemment considérable pour un petit pays. Le déficit de la balance commerciale atteignait des records sans précédent (1 960 millions de dollars en 1973 contre 746 à la fin de 1966).

Sous les militaires, l'inflation, suscitée à la fois par le gonflement des dépenses de l'Etat (plus de 20 p. 100 du budget pour les crédits militaires) et par celui des crédits bancaires, provoqua une forte hausse des prix. Certains produits alimentaires augmentèrent de 50 à 200 p. 100. Le marché noir, inconnu depuis l'occupation, se répandit de nouveau avec le prélèvement, par certains commerçants, du

L'eau potable est transportée vers les îles dans d'énormes réservoirs semblables à celui-ci.

capello (le « chapeau »), ou supplément illicite.

Mais la courbe des salaires ne suivait pas celle des prix. Car la mise sous tutelle des syndicats, l'interdiction du droit de grève au nom de la « paix sociale » permettaient aux patrons de ne pas donner suite aux revendications jugées préjudiciables au « plan de stabilisation » de l'Etat. Dans certains secteurs où la pénurie de main-d'œuvre se faisait sentir — comme le bâtiment, par exemple —, les ouvriers étaient relativement bien rémunérés, mais, la plupart du temps, le pouvoir d'achat des travailleurs des villes et des campagnes se voyait sévèrement amputé. Le plan quinquennal de 1968-1972 prévoyait, dans l'agriculture, un taux de croissance annuel de 5,2 p. 100; il s'est en fait soldé par une progression de 1,8 p. 100 seulement, selon les chiffres officiels, et certains économistes indépendants dirent même qu'il avait baissé. Rien d'étonnant, dès lors, si d'aucuns ne croyaient plus guère au « miracle économique », thème permanent de la propagande des colonels. Et leur mécontentement tournait à l'indignation, lorsqu'ils évoquaient les scandales financiers, les compromissions de grands personnages du régime avec des affairistes, les transferts de capitaux à l'étranger opérés par les plus prévoyants, et aussi les facilités accordées aux richissimes armateurs...

LE NIVEAU DE VIE

Aujourd'hui comme hier, tout ne va pourtant pas aussi mal qu'on pourrait le croire en Grèce. Il existe, certes, une profonde inégalité dans la répartition des revenus, et, dans certaines régions, des milliers de personnes n'ont pas un revenu de 10 dollars par mois. Mais la politique économique tend justement à réduire, puis à éliminer, du moins partiellement, ce déséquilibre.

L'augmentation constante du marché intérieur montre que, si tous les Grecs ne vivent pas bien, ils vivent beaucoup mieux tout de même qu'il y a vingt ans, par exemple.

D'une part, les constructions dans tout le pays se poursuivent à un rythme extraordinaire. Les Grecs sont mieux logés, du moins ceux qui disposent d'un emploi stable et d'un revenu décent. Le coût de la vie, en dépit d'une légère hausse ces dernières années, demeure relativement bas, surtout pour les touristes étrangers. L'alimentation, les vêtements, les transports, l'électricité, l'eau, le téléphone, le cinéma et le théâtre maintiennent des prix abordables à la très grande majorité des Grecs.

Il suffit de voir combien les restaurants, tavernes, cinémas, théâtres, etc., sont fréquentés pour se rendre compte qu'une masse importante de la population vit d'une manière satisfaisante.

D'autre part, la Grèce dispose peu à peu d'un excellent réseau routier (8 016 km de routes nationales et 30 926 km de routes départementales), et l'électrification du pays se complète rapidement.

LE TOURISME

Peu fréquentée par les touristes étrangers il y a quinze ans, la Grèce est aujourd'hui en voie de devenir un pays

où le tourisme constituera une importante source de richesses. Les chiffres sont d'ailleurs éloquents : 33 333 touristes étrangers en 1950, plus de 1 million 300 000 en 1969. Cette attraction exercée par la Grèce s'explique certes par son merveilleux climat, ses sites archéologiques et touristiques, l'hospitalité légendaire de ses habitants, sa douceur de vie, mais aussi par la mise en place d'une infrastructure hôtelière tout à fait remarquable. Le confort moderne que la Grèce assure aux touristes étrangers ne le cède en rien à celui qu'offrent d'autres pays d'une tradition et d'une expérience touristiques bien plus grandes.

En neuf ans, 600 hôtels disposant de 23 832 lits ont été construits, et cela suffit à souligner l'effort exceptionnel tenté par les Grecs dans le domaine du tourisme. Et en 1969 le tourisme a rapporté la somme de 149 500 000 dollars à la Grèce.

La Grèce actuelle tient donc à relever le défi lancé par une nature hostile et trois mille ans d'histoire. Héritière d'une prestigieuse civilisation, elle ne peut accepter de demeurer dans un état de développement si peu conforme aux vertus de la race et au génie d'une nation que tout porte en avant. La Grèce veut accélérer son développement économique, son épanouissement social et culturel. Pour cela, elle a besoin d'une longue période de paix.

Paix sur le plan intérieur par le jeu harmonieux et réaliste d'institutions maintenant démocratiques, par la justice sociale et par une promotion sociale équitable. Ce besoin de paix intérieure éloigne très nettement les Grecs de concepts politiques périmés, pour les engager dans la voie des formules politiques positives, concrètes et efficaces, qu'exigent les impératifs économiques et sociaux du pays.

Paix également sur le plan extérieur. Fidèle à ses amitiés et à ses alliances, fermement attachée au devenir d'une Europe en pleine gestation et tendant vers son unité, la Grèce tient également à entretenir des relations confiantes et amicales avec tous les pays, qu'ils soient de l'Est ou du tiers monde. Car la Grèce a trop souffert des luttes intestines et des conflits armés pour ne pas suivre, sans aucune arrière-pensée, une politique essentiellement pacifique et de coopération internationale.

LA QUESTION DE CHYPRE

Un simple coup d'œil sur une carte géographique illustre d'ailleurs la justesse d'une telle politique. La Grèce est un îlot « européo-méditerranéen » dans la masse slave des Balkans et subit l'action de forces géopolitiques centrifuges. D'autre part, elle fait corps par ses frontières terrestres et maritimes avec la Turquie. Ce pays possède avec elle des problèmes et des intérêts communs, et entretient, parfois, des préoccupations communes. Mais si les relations de la Grèce avec les pays balkaniques se sont pleinement normalisées — sauf avec l'Albanie, qui demeure juridiquement en état de guerre avec elle —, par contre, l'amitié gréco-turque — véritable mariage de raison — traverse des crises orageuses.

Elle est, depuis plus de dix ans, sérieusement mise à l'épreuve par la délicate question de Chypre, devenue explosive depuis l'invasion turque, à la suite du coup d'Etat du 15 juillet 1974 organisé par les militaires grecs.

Que s'est-il passé ? Dans un ultimatum adressé le 3 juillet 1974 par Mgr Makarios au général Ghizikis, le chef de l'Etat grec, le président chypriote accuse le gouvernement d'Athènes de menées subversives dans l'île et exige le rappel des quelque 600 officiers qui encadrent la garde nationale chypriote. Pour toute réponse, les dirigeants grecs font attaquer par la garde nationale le palais présidentiel de Nicosie, la capitale de l'île. Mgr Makarios réussit à quitter Chypre, tandis que les officiers putschistes mettent à sa place un chaud partisan de l'*enosis* (union de Chypre à la Grèce), Nicolas Sampson. Mais la Turquie s'est toujours opposée à toute idée d'*enosis* et, pour protéger la minorité turque (moins de 20 p. 100 de la population), ses forces armées investissent Chypre le 20 juillet. C'est le branle-bas de combat en Méditerranée orientale : il entraînera la chute du régime militaire à Athènes trois jours plus tard.

Malgré les 200 000 Grecs chypriotes chassés par les envahisseurs turcs, le premier objectif de Constantin Caramanlis est d'éviter une guerre contre la Turquie. Aussi s'abstient-il de réagir aux faits accomplis à Chypre et aux défis d'Ankara. Il se contentera, lors de la deuxième intervention turque, le 14 août, de retirer la Grèce de l'organisation militaire de l'O.T.A.N.

Un an plus tard, rien n'est encore réglé entre Athènes et Ankara et, si le gouvernement d'Athènes est bien décidé à régler ses différends avec la Turquie par la voie des négociations, tout indique que le contentieux entre les deux pays ne sera pas épuré de sitôt.

Vue d'avion, la rue Panepistimiou, au centre d'Athènes.

SALONIQUE

MONT ATHOS

CORFOU

DODONE et JANNINA

LES MÉTÉORES

DELPHES

OLYMPIE   MYCÈNES   CORINTHE

ARGOS   ATHÈNES

EGINE et HYDRA

DELOS

MISTRA et SPARTE

LA CRÈTE

RHODES

Les grandes étapes

Il est mille façons de voir la Grèce. On peut y aller « prier » sur l'Acropole, comme l'ont fait, chacun à sa manière, Renan, Maurras, Malraux, ou, paradoxalement, s'attarder sur les ruines de Sparte, comme Chateaubriand et Barrès, ou, tel le Grec Jean Moréas, se ressouvenir à Paris du cap Sounion :

Ah ! qu'il saigne, ce cœur ! et toi mortelle vue,
Garde toujours doublé
Au-dessus d'une mer azurée et chenue,
Un temple mutilé !

Un autre préférera le paysage de Delphes ou d'Epidaure (qui ne figure pas dans ce chapitre), et tel encore les îles et Délos. L'invitation au voyage que ces pages proposent permettra à celui qui va en Grèce « pour comprendre et pour jouir » de choisir librement ses étapes sur cette terre des dieux et des hommes, qui ont fait les dieux à leur image. Le plaisir de parcourir les pays hellènes est d'y trouver les héros et les héroïnes de la Fable antique, immortellement vifs, et, comme l'a dit jadis Isocrate en son « Panégyrique », de voir que le nom des Grecs s'appliquait non pas à une race, mais à une culture, et que les Hellènes furent bien plutôt des gens de même éducation que des gens de même origine.

Quelle magnifique leçon pour qui la veut entendre, et qui s'ajoute, inscrite au marbre des sanctuaires, dans les blanches acropoles, aux feuilles pâles de l'olivier sacré, dans la mer violette que parcourut jadis le sage Ulysse, aux souvenirs que laisse une page de Sophocle ou le rire sur la scène du grand Aristophane.

Salonique

Salonique (ou Thessalonique) est, après Athènes, la plus importante cité grecque, et, après Istanbul, la ville qui présente le plus bel ensemble qu'on puisse voir de monuments byzantins, bien qu'elle ne soit pas née avec Byzance, car ce fut jadis la très ancienne *Therma*, où campèrent les troupes de Xerxès et qui fut ainsi nommée des nombreuses sources d'eau minérale dont on retrouve encore la trace aux environs.

L'église des Saints-Apôtres.

Statue archaïque
du musée de Salonique.

Puis, presque entièrement reconstruite par Cassandre, roi de Macédoine, qui la baptisa Thessaloniki pour honorer sa femme, sœur d'Alexandre, elle devint à l'époque romaine chef-lieu de la domination romaine en Macédoine. Auguste, qu'elle avait soutenu dans sa lutte contre Antoine, lui accorda le rang de cité libre. Florissante à l'époque chrétienne, elle devint la capitale de tout le territoire compris entre l'Adriatique et la mer Noire, et sa population atteignit, au moment de la fondation de Constantinople, 220 000 habitants.

LE GRAND PORT DES BALKANS

Erigée en colonie romaine au IIIe siècle, après avoir vu sa population massacrée par Théodose, à qui saint Ambroise imposa une pénitence publique extraordinaire, elle fut, au VIe siècle, aux prises avec les Slaves, mise à feu et à sang par les Sarrasins vers 904, pillée de nouveau par les Normands de Tancrède au XIIe siècle, et, après avoir été donnée au marquis de Montferrat (XIVe siècle), puis vendue à Venise, elle tomba en 1430 au pouvoir des Ottomans.

Renaissant chaque fois de ses vicissitudes, elle fut préservée d'un déclin qui semblait pourtant inéluctable par sa situation naturelle, qui en fit sous les Turcs le grand port des Balkans. Lorsque Athènes n'était plus qu'un village, Salonique faisait encore figure de capitale. C'est à Salonique que les Jeunes-Turcs ourdirent leur révolte; c'est également là que les troupes

Quais et boulevard du Roi-Constantin.

Vue aérienne.

Arc de Galère (détail).

Vieux quartiers et
église Saint-Georges.

grecques parvinrent en 1912, que Veni-zélos, pendant la Première Guerre mondiale, forma son gouvernement pro-allié, et que l'armée française débarqua en 1917. La ville, depuis 1922, est redevenue une cité presque entièrement habitée par des Grecs, courageux, actifs, libéraux. Sa population est aujourd'hui de 400 000 habitants, et sa foire annuelle, qui occupe un quartier à l'est de la ville, l'une des plus importantes du monde.

MUSTAPHA KEMAL

Il ne reste aujourd'hui de la vieille ville qu'un réseau de ruelles étroites et irrégulières sur les flancs du mont Khortiatis, avec des maisons en pans de bois, dont les étages en saillie et les toits débordants semblent vouloir conserver l'ombre et la fraîcheur, avec quelques jardins et des églises de brique rose. Non loin d'une masure, une plaque de marbre indique près de la porte : « Ici est né Mustapha Kemal Ataturk. » On peut, du haut de son acropole, découvrir le golfe, un golfe de 26 kilomètres, et, si le temps est clair, tout au loin, sur la droite, l'Olympe.

Du temps de l'ancienne Thessalonique datent, trouvé dans un tombeau à Dher-véni, tout proche, le fameux cratère de bronze aux Bacchantes et, découvert dans un autre, le plus ancien des livres

grecs connus, quelques feuillets de papyrus.

L'histoire monumentale de la ville ne remonte guère qu'au IVe siècle de notre ère, quand l'empereur romain Galère occupa, pour mieux résister aux Barbares, un quartier jusqu'alors inhabité du palais. Un mausolée, transformé en église au VIIe siècle, offre le spectacle d'une rotonde où brillent des mosaïques d'or représentant des oiseaux et des fleurs, et celui d'une curieuse coupole, où figurent, chacun avec son nom et une date, les principaux saints de l'Eglise orientale primitive, agenouillés et priant.

L'ICÔNE MIRACULEUSE

On admirera l'église Saint-Démétrius, du nom du martyr de Galère, et qui est l'une des plus célèbres de la chrétienté avec Sainte-Sophie d'Istanbul. Incendiée partiellement au VIIe siècle, puis en 1917, cette vaste basilique à cinq nefs a été restaurée en 1948 et rendue au culte. Les chapiteaux en marbre subsistant de la colonnade inférieure comptent parmi les plus beaux de l'architecture byzantine.

Il faut voir aussi l'église de l'Acheiro-pitos (Ve s.), ainsi nommée parce qu'elle contient une icône miraculeuse et « non faite de main d'homme ».

Du XIe siècle date l'un des bijoux de l'architecture byzantine, la délicieuse

église de la Vierge-des-Chaudronniers, l'un des prototypes des églises en « croix grecque inscrite », et qui se dresse aujourd'hui encore dans un quartier où les chaudronniers forgent des marmites et des cuves, ou « tournent » des candélabres. Autre église en « croix grecque inscrite », mais du XIIIe siècle, est l'église Sainte-Catherine, aux extraordinaires frontons courbes et aux coupoles à bords festonnés. Du XIVe siècle date l'église des Saints-Apôtres, suprême fleur de l'art byzantin, située, elle, dans la vieille ville.

Assez difficilement abordable, sauf par la nouvelle route (et bientôt l'autoroute) qui la relie à Athènes en longeant le golfe Thermaïque au pied de l'Olympe, Salonique, la « ville des grâces », mérite l'attention du visiteur par ses charmes, surtout byzantins.

49

Les Météores

Les Météores sont accessibles par la route, magnifique et encore sauvage, qui gravit les cols du Callidromos, franchit à Lamia la vallée du Sperchios, puis contourne le massif de l'Othrys et atteint, dans sa plaine quadrangulaire (qu'entourent le Pinde à l'ouest, l'Othrys au sud, le Pélion et l'Ossa à l'est, l'Olympe au nord), les monts les plus célèbres de la mythologie et de la légende.

Dans ce pays, qui fut celui des Centaures, on voit paître de grands troupeaux de moutons gardés par des bergers nomades et voler quantité de cigognes. Un fleuve la fertilise, le Pénée, qui sort des bois du Pinde et découpe, dans le roc des Météores, des pierres étranges avant de se jeter dans la mer par la vallée de Tempé, sous les platanes, les saules, les térébinthes qu'ont chantés les poètes, au point que le nom de *Tempé* est devenu presque un nom commun et que Sainte-Beuve a pu écrire, il y a un siècle, que « le marchand qui va à deux pas de la capitale respirer la poussière de la grand-route se croit dans un tempé ».

Les fantastiques menhirs découpés par le Pénée.

QUATRE MONASTÈRES

On est pourtant loin des environs de Paris dans cette vallée de 7 kilomètres de long sur 600 mètres de large, et son charme naît des fleurs, de la verdure, du chant des oiseaux et du bruit formidable que fait le Pénée dans sa course. Quant aux monastères des Météores, dont le nom signifie « aériens » — nom cent fois mérité —, ils se dressent sur des rochers à pic, et quatre d'entre eux sont occupés encore aujourd'hui : le Grand Monastère, Saint-Barlaam, Saint-Étienne et la Sainte-Trinité. S'ils sont perchés si haut, c'est qu'au Moyen Age sévissaient les troubles et la piraterie. Ils remontent au XIIe siècle et ont acquis leur organisation au XIVe ; ils ont atteint

Le monastère Saint-Étienne.

un moment le nombre de 24. Un chemin, qui conduit de nos jours jusqu'à leurs cippes, serpente entre des rocs noirs, entrecoupés de failles ou de fentes leur donnant un aspect étrange. Au Moyen Age, on n'y pouvait accéder que par des échelles verticales plaquées à leur piton ; aujourd'hui, un escalier creusé en plein roc, sinueux et toujours raide, relie le chemin à chaque monas-

tère. On montre encore au Grand Monastère le vieux treuil de bois, surplombant l'abîme de 50 mètres, par lequel on hissait vivres et visiteurs.

UN VERRE D'EAU FRAÎCHE

Dans les quatre couvents qui restent, les moines sont en tout petit nombre. Ils accueillent avec bonne grâce les touristes, leur offrent le *glyko*, une cuillerée de confiture, un verre d'eau très fraîche, qu'il faut déguster sur les balcons de bois d'où la vue plonge sur la vallée, s'étendant, s'il fait beau, au loin jusqu'au massif du Pinde, qu'elle donne envie de voir de plus près.

Il faut alors continuer vers l'ouest le chemin qu'on a pris pour venir, et remonter le cours du Pénée. Ce chemin de montagne franchit le massif au col de Metsovo (1 700 m), dont le village est habité par des Valaques nomades qui paissent leurs troupeaux sur le Pinde en été et, en hiver, descendent vers la plaine thessalienne. Ces Valaques, qui sont sans doute des Illyriens latinisés, parlent un idiome romain et portent le costume traditionnel de leurs ancêtres : les hommes une tunique bleue, des bas blancs, un bonnet rond ; les femmes, une tunique noir et rouge à manches longues.

Dodone et Jannina

Dodone : le théâtre.

Dodone est restée célèbre par son antique oracle, l'un des plus réputés de l'ancienne Grèce; Jannina, par son pacha Ali, qui, au début du XIXᵉ siècle, manqua de peu de devenir le maître du peuple grec. Les deux villes ne sont éloignées que de 20 kilomètres l'une de l'autre.

LE CONTACT DU SOL

Les ruines de Dodone se trouvent dans une vallée profonde, au pied du mont Tomaros. Le temple, ou *mantéion*, où Zeus, par la voix de ses prophètes, rendait les oracles, y montre encore ses vestiges épars, blocs de calcaire rongés par le gel, sous un climat très rude, qui faisait dire aux Grecs que Dodone avait « deux hivers ». Il était jadis entouré d'une forêt de chênes, ce qui put faire croire à Homère que les chênes rendaient des oracles. Mais il est plus juste d'observer que les prêtres et les prêtresses du dieu marchaient pieds nus pour rester en contact direct avec le sol, et sans jamais se les laver, pour assurer une perpétuelle osmose entre eux et la terre nourricière. Ce contact, qui les inspirait, leur permettait d'interpréter le vol des colombes, le murmure de l'eau, le chuchotement des feuilles, aussi et surtout les sons d'un chaudron d'airain qu'une statue d'enfant agitée par le vent frappait d'une sorte de fouet à lanières. Le temple n'était d'ailleurs pas formé de murs, mais entouré d'une quantité de chaudrons, qui se touchaient de manière que, lorsqu'on frappait le premier, la voix de Zeus s'élevait près du plus grand de ces chênes, qu'on appelait le « chêne de Dodone »; là étaient aussi l'autel du dieu et la pierre des sacrifices; là se rendaient les oracles. Des femmes assistaient les prêtres dans l'interprétation de ces phénomènes sonores. On conte à ce propos que les Thébains assiégeant Paractum consultèrent l'oracle de Dodone; ayant reçu la réponse qu'ils prendraient la ville s'ils commettaient le plus grand des crimes, ils reconnurent, après en avoir délibéré, qu'il n'y avait pas pour eux de plus grand crime que d'immoler la femme qui avait interprété l'oracle, et ils la tuèrent alors sans scrupule.

A côté du *mantéion* fameux, les fouilles de la Société archéologique hellénique ont dégagé un théâtre, un stade et divers édifices, mais c'est le temple de Zeus qui mérite d'attirer l'attention des visiteurs.

UN CHEF DE BANDE

Jannina, à 20 kilomètres au nord, mire son château fort et les deux minarets de sa mosquée dans un lac, que dominait il y a plus d'un siècle le palais de ses pachas. L'un d'eux, natif de Tebelen en Albanie, Ali (1744-1821), fut d'abord un chef de bande, puis un « préfet des routes », ayant mission de liquider les bandits qui infestaient le pays. Il en profita pour supprimer le pacha, qui l'avait pris pour gendre, et devint lui-même pacha de Jannina. Allié aux Anglais quand les Français occupèrent Corfou, aux Français quand Corfou devint possession anglaise, il rêvait de devenir le maître de la Grèce,

ayant, pour ce faire, l'appui de ses citadelles, outre un trésor de guerre incomparable, qui lui permettait de corrompre ses ennemis. Ce génie de la corruption se retourna contre lui quand les Turcs lui firent la guerre et quand le Sultan acheta les deux fils du pacha Ali. Il commit aussi l'erreur, sur la foi d'une promesse mensongère qui lui garantissait la vie et la liberté, de se rendre, pour négocier la reddition de Jannina, dans l'îlot de Saint-Pantaléimon, au milieu du lac. Quand il comprit qu'on l'avait joué, âgé alors de soixante-dix-sept ans, il se retrancha dans un réduit après avoir fait étrangler sa concubine favorite pour lui épargner les outrages de l'ennemi.

« JE NE SUIS RIEN »

On l'abattit en tirant au travers des planches où il se tenait. Sa tête, empaillée avec soin, fut envoyée à Constantinople avec celles de ses deux fils, et exposée sur les créneaux du sérail, puis enfouie sous un cippe de marbre dans le cimetière de la porte de Silivie.

Son corps était resté à Jannina. Les circonstances voulurent qu'Ali succombât l'année même où les Grecs révoltés mirent fin, avec la guerre de l'Indépendance, au pouvoir oppresseur du Sultan.

Il faut voir le lac, aujourd'hui tranquille, jadis tragique, où Ali, pacha de Tebelen, qui avait coutume de dire « Napoléon est empereur et je ne suis rien ! », vécut sa vie ambitieuse et acheva son cruel destin, épisode fameux des vicissitudes de la Grèce au début du dernier siècle. La limpidité des eaux à Jannina et le chuchotement des feuilles à Dodone recouvrent deux « moments », l'un de la Grèce légendaire, l'autre de la Grèce révoltée.

53

Corfou et les îles Ioniennes

Corfou, l'antique *Corcyre*, en grec moderne *Kérkira*, n'est séparée de la côte que par le détroit de 15 kilomètres qui porte son nom. C'est la plus septentrionale et la principale des îles Ioniennes. De forme triangulaire, elle mesure environ 590 kilomètres carrés de superficie; c'est une terre montagneuse, que domine à près de 1 000 mètres le sommet du Pandokratoras, et l'on y cultive de nos jours le blé, la vigne, l'olivier, les agrumes.

En dépit des vicissitudes de l'histoire, est-elle si différente de l'ancienne Corcyre, qui doit son nom légendaire à Corcyre, aimée de Poséidon, laquelle eut de lui un fils, Phéax, d'où vient qu'au dire d'Homère elle fut peuplée par des *Phéaciens* ? En tout cas, dès la fin du VIIIe siècle avant notre ère, elle fut colonisée par Corinthe, et son appel au secours adressé à Athènes en 433 av. J.-C. marqua le début de la guerre du Péloponnèse, et entraîna, un siècle plus tard, le début de son déclin. Son histoire est curieuse et diverse. Posses-sion, depuis le commencement du Moyen Age, de Byzance, puis de la Grèce, de Venise (1206-1214), du despotat d'Epire (1214-1259), du royaume de Naples (1267-1386), de Venise pendant plus de quatre siècles, elle fut, comme les autres îles Ioniennes, française de 1797 à 1799 et de 1807 à 1815, anglaise ensuite jusqu'en 1864. Pendant la Première Guerre mondiale, c'est à Corfou que fut reconstituée l'armée serbe ; c'est dans sa rade qu'une flotte française empêcha l'escadre autrichienne de sortir de l'Adriatique ; c'est à Corfou que fut signé le pacte qui unit en 1917 Serbes, Croates et Slovènes.

JASON ET ULYSSE

Sauf la capitale, Corfou, l'île ne contient guère que des bourgades, mais ses routes, accessibles presque toutes aux voitures, qui sillonnent un admirable paysage mi-italien mi-grec, font rêver aux antiques légendes. C'est à Corcyre, dit la Fable, que Phéax aurait accueilli Jason et Médée à leur retour de la Colchide. C'est là que, après la guerre de Troie, Ulysse, jeté dans l'île par la tempête, reçut l'hospitalité du roi Alcinoos et de sa fille Nausicaa.

Sous la domination romaine, Caligula rendit à l'île une partie des privilèges qu'elle avait perdus sous Auguste ; puis le christianisme s'introduisit à Corfou. Aussi, les persécutions de Dioclétien s'y firent-elles sentir, malgré les services que les Corcyréens venaient de rendre à Rome en repoussant les Goths. Mais, plus tard, Constantin honora de sa protection l'île chrétienne.

La vue de la mer s'y marie partout avec celle d'une campagne fertile, mais sans cultures, dont le sol permet l'exploitation de quelques carrières de marbre, de soufre et de charbon. Et la ville elle-même, qui a beaucoup souffert des bombardements pendant la Seconde Guerre mondiale, montre encore un fort vénitien et demeure le siège, aujourd'hui, d'un archevêché grec orthodoxe et d'un évêché romain.

CÉPHALONIE ET ZANTE

Si Corfou est la plus importante des îles Ioniennes, la plus grande est Céphalonie (en grec *Kefaloniá*), dont la superficie dépasse 700 kilomètres carrés et qui se trouve à l'entrée du golfe de Patras. Trois massifs montagneux encadrant des plaines fertiles la couvrent. On y pourra voir des vestiges mycéniens, et les tombeaux, nombreux, ont livré beaucoup d'outils avec des armes et des vases. Après avoir participé à la Confédération maritime d'Athènes, et éprouvé maintes vicissitudes, Céphalonie, disputée longtemps par les Turcs à Venise, devint française de 1797 à 1815, puis anglaise, avant d'être cédée à la Grèce en 1863.

Zante, l'antique *Zacynthe*, n'est qu'à 12 kilomètres au sud-est de Céphalonie, à 20 kilomètres des côtes du Péloponnèse, et son port est le plus important, après celui de Corfou, des sept îles Ioniennes, avec son môle magnifique, son phare et son vieil arsenal. On y fait le commerce des raisins secs et de l'huile, des grains, des soieries, des belles étoffes. Le touriste y peut apprécier un vin liquoreux, l'*iénorodi*, à saveur de violette, que les vignes poussant dans sa vaste plaine permettent de fabriquer. Zante, qui subit le destin des autres îles Ioniennes, est la moins italienne et déjà la plus grecque.

Une rue de Corfou.

Îlot de Pondikonisi.

Athènes

La gloire d'Athènes « au front couronné de violettes », que chante Pindare en un de ses *Dithyrambes*, demeure cette Acropole, cette « ville haute », cette butte rocheuse, longue de 300 mètres et large de 170 mètres en moyenne, qui dominait jadis, près de la mer, d'environ 80 mètres la vallée du Céphise et constituait dans les temps anciens une forteresse presque inexpugnable.

LA GLOIRE D'ATHÉNA

Elle devint, à partir de Périclès, une enceinte religieuse, un magnifique piédestal consacré à la gloire d'Athéna, protectrice de la ville et des héros de l'Attique, et dont le temple, le *Parthénon* (sanctuaire de la Vierge), fut construit, d'après le projet de Périclès et sur les plans de l'architecte Ictinos, en marbre du Pentélique.

Le long des murs du sanctuaire, à l'extérieur et à l'abri de la colonnade dorique, une frise sculptée déroule la procession des Grandes Panathénées. Ce sanctuaire, séparé en trois nefs par

Caryatide de l'Erechthéion.

La ville moderne, au pied de l'Acropole.

Erechthéion : portique
des Caryatides.

Colonnes doriques des
Propylées et temple d'Athéna Niké.

deux rangées de colonnes, abritait la statue chryséléphantine (c'est-à-dire d'or et d'ivoire) d'Athéna Parthénos, œuvre de Phidias. Le même Phidias avait fait sculpter sur le fronton oriental la naissance d'Athéna, sur le fronton occidental la dispute de Poséidon et d'Athéna, désireux de donner l'un et l'autre leur nom à la ville, et sur les métopes des légendes athéniennes.

D'un tiers environ plus petit que l'église de la Madeleine à Paris, le Parthénon a 69 mètres de long sur 30 de large. Il a beaucoup souffert en 1687 de l'explosion d'une poudrière installée dans ses murs, au cours d'une guerre entre les Vénitiens et les Turcs. En 1811, il fut mutilé par l'Anglais lord Elgin, qui fit arracher les bas-reliefs de la frise et les statues du fronton pour en orner le British Museum. Mais, tel qu'il est encore aujourd'hui, sur une Acropole presque noyée dans une ville énorme, qui comptait 300 maisons en 1834, et dont la population atteint maintenant près de

2 millions d'habitants, dans des quartiers neufs qui s'étendent entre l'Acropole et la colline du Lycabette jusque vers la mer, il reste une merveille et presque un miracle de l'art, des restaurations discrètes ayant sauvé ce qui subsiste de ce temple dépouillé.

LES CARYATIDES

L'Erechthéion, ou temple de Poséidon Erechthée (c'est-à-dire de Poséidon « qui entrouvre la terre ») et, à la fois, d'Athéna Polias (c'est-à-dire d'Athéna « protectrice de la ville »), a aussi beaucoup souffert de ses avatars, qui en firent un harem, puis une église byzantine. Il réunissait jadis les plus vieilles reliques d'Athènes : la source salée jaillie sous le trident de Poséidon (qu'on pouvait voir sous le dallage) ; l'olivier sacré donné par Athéna à la ville (qu'on montrait dans un enclos attenant au temple) ; le tombeau de Cécrops, héros fondateur de la cité, situé au-des-

sous d'un petit portique, où des statues de jeunes filles, les caryatides, font office de colonnes. L'Erechthéion contrastait par la grâce ionique avec la vigueur dorique du Parthénon, et ses caryatides perpétuent encore de nos jours le souvenir des antiques corés.

Le temple de la Victoire Aptère (sur un solide bastion) accueille toujours le visiteur au sud des Propylées, mais sous une forme restaurée en 1836 par des savants allemands et remontée en 1936 par l'architecte Orlandos à la suite d'un affaissement de terrain. Athéna y était honorée comme déesse de la Victoire, et des Victoires l'ornaient, comme celle de « la Victoire ôtant sa sandale », sculptée en bas relief, merveille d'équilibre et de grâce.

LA TOUR DES VENTS

Lorsqu'on a visité ces monuments et ces reliques, il reste à admirer Athènes elle-même, ouverte vers les Cyclades ou barrée par les monts du Péloponnèse, si belle surtout quand, face à l'Hymette mauve, le soleil descend royalement sur Corinthe. Il faut voir le portique d'Attale II, reconstruit par les Américains,

Athènes

Façade du Parthénon.

qui en ont fait le musée des fouilles de l'Agora; le Théséion, en marbre doré, ancien monument funèbre de Thésée, édifié par Cimon, et qui est surtout le temple d'Héphaïstos, dieu des Artisans du fer; l'Odéon romain, restauré, d'Hérode Atticus (qui date de 161 apr. J.-C.); le théâtre grec de Dionysos, plusieurs fois transformé à l'époque romaine; l'Olympéion, ou temple de Zeus Olympien, qui, commencé par Pisistrate au VIe siècle avant notre ère, ne fut achevé que sous Hadrien; la tour des Vents, de 12 mètres de haut, dont l'octogone, construit par le Syrien Andronicos au Ier siècle av. J.-C., portait sur chacune de ses faces les figures symboliques des vents, avec un cadran solaire. Il faut aussi visiter les trois plus importants musées : le Musée national (orfèvrerie, sculpture, céramique ancienne), où se trouvent la célèbre stèle d'Hégéso et le grand Zeus de bronze qu'un chalutier prit un jour dans ses filets au large de l'île d'Eubée; le Musée byzantin et le musée Bénakis (art moderne, arts populaires, folklore), et les visiter dans cet ordre même, qui permet d'avoir un panorama de la civilisation grecque de la préhistoire à nos jours.

L'Acropole vue de la
colline de **Philopappos.**

L'Olympéion.

59

Athènes

Champ de fouilles du Céramicos :
le taureau de l'allée centrale.

LA « PIERRE DE L'OUTRAGE »

Il faut flâner enfin sur les collines d'Athènes : l'Aréopage, ou colline d'Arès, où la légende veut qu'aient été jugés les dieux et les héros coupables de meurtre — Oreste entre autres —, l'Aréopage, siège plus tard d'une cour criminelle où l'on voit encore la « pierre de l'outrage », où se tenait l'accusé, la « pierre du ressentiment », où se trouvait l'accusateur ; la Pnyx, hémicycle jadis entouré de gradins de bois, où se réunissait, sur la colline des Pierres, l'assemblée du peuple, et dont la tribune était taillée dans le roc ; la colline des Nymphes, ou petite Pnyx ; le Mouséion, ou « colline des Muses », que couronne le monument de Philopappos, érigé par les Athéniens au IIe siècle de notre ère en l'honneur d'un prince syrien bienfaiteur d'Athènes, et qui offre, surtout au crépuscule, une admirable vue sur l'Acropole.

On fera aussi une promenade dans les jardins de l'Académie (ainsi nommés du propriétaire primitif, le héros légendaire *Academos*), jardin contenant un gymnase et un autel, entouré de douze olives sacrées, consacré à Athéna, puis transformé par Cimon en un parc aux allées ombreuses, où Platon fonda la première école de philosophie d'Athènes et fit dresser une chapelle aux Muses, non loin du lieu où il devait être inhumé.

LE FAMEUX GOUFFRE

Et l'on n'omettra pas d'aller jusqu'aux deux ports que les « longs murs », partant de l'enceinte d'Athènes, reliaient jadis à Athènes : Phalère et Le Pirée. Il y eut d'abord deux « longs murs » construits par Cimon : le *mur du Sud*, prolongeant le chemin de Phalère ; le *mur du Nord*, couvrant la route du Pirée, et que doubla Périclès en construisant le mur parallèle, dit *du Milieu*. Rasés par Lysandre, puis reconstruits partiellement (murs du Pirée) et nommés alors les *Jambes*, ces murs atteignaient le principal port d'Athènes.

C'est près du long mur du Nord, juste à la sortie d'Athènes, que se trouvait le fameux gouffre, ou *barathre*, ancienne carrière où l'on précipitait à l'origine certains condamnés à mort et où l'on jeta plus tard les corps de tous les suppliciés de droit commun.

On montera, si l'on en a le temps, sur la butte de Colone, en souvenir des vers par lesquels Sophocle chante sa patrie, « le pays aux beaux chevaux où tu viens d'arriver, étranger, ce séjour sans égal au monde, le dème au sol blanc de Colone. Ici, plus qu'en nul lieu

de la terre, modulent des milliers de rossignols au fond des vertes ravines, cachés sous la feuillée d'un lierre vineux, dans les sous-bois impénétrables du dieu, chargés de fruits à foison, à l'abri du souffle des tempêtes, là où, en proie au délire sacré, Dionysos se plaît à errer en compagnie des nymphes qui l'ont nourri. Là s'épanouissent sous la rosée céleste le narcisse aux belles grappes, antique diadème des deux grandes déesses [Déméter et Coré], et le safran d'or. Là, toujours éveillées, toujours égales, les sources du Céphise serpentent, vagabondes, et leur eau pure, chaque jour, féconde le large sein de la plaine. Là se plaisent les Muses, pour y danser, avec Aphrodite aux rênes d'or. [...] Là pousse, incomparable, l'olivier aux feuilles pâles, qui veille sur nos enfants, et que nul chef ennemi, qu'il soit vieux, qu'il soit jeune, ne détruira jamais, car sans relâche l'œil fixe de Zeus des Enclos veille sur lui et le glauque regard d'Athéna. »

LE CAP SOUNION

Et il faut aller jusqu'au cap Sounion, car le voyage en vaut, je ne dirai pas la peine, mais le plaisir.

Sunium ! Sunium ! sublime promontoire !

s'écrie dans l'une de ses *Stances* le Grec Papadiamantopoulos, qui prit le pseudonyme de Jean Moréas et rénova au début de ce siècle la poésie française.

« Sublime » est le mot qui sied, car le promontoire qui termine l'Attique au sud, entre la mer Egée et le golfe Saronique, fut, au VIIe ou au VIe siècle avant notre ère, solidement fortifié et honoré de deux temples, l'un dédié à Athéna, l'autre à Poséidon, les deux divinités qui protégeaient la métropole d'Athènes. Le sanctuaire d'Athéna (*Athéna Sounias*) se trouvait en contrebas et au nord du cap, sur une petite colline, et le temple, en tuf, de Poséidon, tout au haut de l'Acropole ; mais, détruit par les Perses au VIe siècle av. J.-C., il avait été remplacé au temps de Périclès par un temple de marbre aux colonnes cannelées, moins hautes que celles du Parthénon, pour que le vent, qui souvent se déchaîne sur le promontoire, ait une moindre prise sur lui. De la hauteur du cap, on aperçoit à gauche du temple l'île assez plate de Makronissos, et, parmi l'onde tumultueuse, à cette pointe suprême de l'Attique, de grands lézards bleuâtres se poursuivent en jouant.

**Tourkolimano (ancienne Mounichie),
l'un des trois ports du Pirée.**

Delphes

La Tholos de Marmaria.

Site antique. Au fond, la route d'Athènes.

De tous les sanctuaires grecs, Delphes, au versant sud-ouest du mont Parnasse, est le plus visité de nos jours et le mérite, tant par ses ruines étagées sur d'étroites terrasses que par son site grandiose dans un cirque que dominent les roches Phédriades (dont le nom veut dire « resplendissantes ») et la muraille grise, parsemée de chênes verts, du Kirphis.

On l'admirera surtout le soir, quand le soleil se couche sur l'écran rouge des Phédriades — comme on l'admirait il y a plus de quinze millénaires, quand les tremblements de terre, les vapeurs s'échappant du sol crayeux et les fontaines conféraient un caractère sacro-saint à ce lieu. Il fut nommé d'abord *Pythô,* parce qu'une prêtresse d'Apollon, la Pythie, juchée sur un trépied, entrait en transes, entourée de prêtres qui interprétaient ses mouvements et ses cris. Et c'est parce qu'on adorait Apollon sous la forme, d'ailleurs invisible, d'un dauphin (grec *delphis, -inos*) que Pythô prit au VIIe siècle avant notre ère le nom de *Delphes.*

UNE PAYSANNE IGNORANTE

Souvent consulté à des fins politiques, l'oracle de Delphes semble avoir conseillé la colonisation lointaine, soutenu les démocraties contre les tyrannies, sans avoir pourtant montré beaucoup d'animosité contre les Perses

Temple d'Apollon.

pendant les guerres médiques ni contre Philippe de Macédoine par la suite.
La Pythie était toujours une habitante de Delphes, une paysanne ignorante et pauvre, par là d'autant plus docile à l'inspiration de la divinité. Les prêtres traduisaient à leur gré sur une tablette le sens de ses sons inarticulés. La consultation, souvent « sibylline », se réalisait-elle ? On en attribuait la gloire à Apollon. Echouait-elle ? On prétendait que les consultants n'avaient rien compris à la rédaction équivoque et ambiguë de

l'oracle. Apollon et ses prêtres étaient, au reste, accessibles à la corruption, et c'est ce qui explique que le dieu fut acheté par l'or perse ou macédonien, et que les cités grecques comblèrent d'offrandes — moyens d'acheter les prêtres — le grand temple d'Apollon.

LE « NOMBRIL DU MONDE »

Lorsque, en 546 av. J.-C., le temple fut détruit par un incendie, de nombreuses cités grecques, dont Athènes, contri-

buèrent à sa reconstruction. Une légende veut qu'en 480 l'invasion des Perses ait été repoussée par des blocs de rochers projetés sur eux par un séisme, et qu'il en fut de même en 279, lors de l'invasion des Celtes de Brennos. Plus tard, l'oracle souffrit beaucoup, non seulement de l'indifférence religieuse, mais encore des pillages de Sylla, de Néron et de maints empereurs chrétiens.
Dans la suite des siècles, la cité, qui se glorifia un temps d'être le « nombril du

monde », céda la place à un pauvre hameau, *Castri*, groupant à peine quelques centaines d'habitants, et où périssaient même les ruines. Des sarcophages servaient, dans les champs d'oliviers, d'abreuvoirs aux troupeaux, et plus rien n'était visible des monuments anciens, sinon quelques assises d'un portique et le grand mur polygonal d'enceinte.

Mais l'Ecole française d'Athènes entreprit dès 1863 de commencer des fouilles, auxquelles s'intéressait personnellement l'empereur Napoléon III, et les anciens monuments réapparurent sous le village exproprié de Castri.

Un bastion rocheux, qui, jadis, était le siège des amphictyons délégués par les peuples grecs pour présider aux destinées du temple, se trouve là, ainsi qu'un autel des Vents, et, ce bastion franchi, on découvre d'un coup le site de l'ancienne Delphes, où la Fable veut que deux aigles lâchés par Zeus aux deux extrémités du monde se soient rencontrés pour en marquer le centre, que signale la pierre sacrée de l'*omphalos*.

LES TRÉSORS

Le sanctuaire d'Apollon était une enceinte rectangulaire (200 $\times$ 150 m) percée de portes. La Voie sacrée mène de là au Grand Temple, du IVe siècle, construit sur l'emplacement de deux temples anciens, l'un du VIe, l'autre du VIIe siècle av. J.-C. On a pu identifier les restes de nombreuses chapelles, ainsi que les trésors de Corcyre (socle d'un taureau de bronze), d'Athènes (seize statues commémoratives de la victoire de Marathon), de Sparte (trente-sept statues de dieux et d'amiraux), de Co-

Trésor des Athéniens.

Frise des Trésors de Siphnos (détail). Musée de Delphes.

rinthe, de Cnide, de Sicyone, de Potidée, de Thèbes et de Cyrène. Il y a là d'admirables portiques : celui des Athéniens, celui d'Attale, des chambres, avec leurs colonnes votives.

A l'est se trouve, avec les sources, une agora romaine ; au nord-ouest, un théâtre ; près de la source Castalie, un gymnase remontant au IVe siècle av. J.-C. ; non loin, un temple d'Athéna.

Une copie romaine de la pierre sacrée de l'*omphalos* est conservée au musée, édifié par l'Ecole française d'Athènes, agrandi par la suite ; on y trouve aussi des céramiques découvertes en Phocide ; le Sphinx de Naxos, ayant pour ailes des faucilles et assis au haut d'une colonne ; les jumeaux Cléobis et Biton, d'Argos, coiffés de lourdes chevelures tressées ; les sculptures des trésors de Sigone, Cnide, Marseille, et du trésor des Athéniens.

Delphes

LES AIGLES DE ZEUS

Une salle est réservée aux restes du grand temple d'Apollon, dont les plus fameuses reliques sont l'Aurige de bronze verdi, du V⁰ siècle av. J.-C., tenant les rênes d'un attelage fantôme; un bel Antinoüs du temps d'Hadrien, favori du césar; des danseuses (chantées par Debussy) au sommet d'une colonne d'acanthes.

Ce temple panhellénique de Delphes — comme l'attestent ses ruines — était un centre d'émulation et de propagande entre les cités grecques, qui accueillait aussi les dons individuels, comme ceux de Crésus ou des riches courtisanes,

Plaine sacrée et montagnes de Locride.

Théâtre et temple d'Apollon.

innombrables ex-voto en marbre, en bronze, en bois précieux, en or et en ivoire.

Les tambours des colonnes, redressés pour former une façade en 1940, ne permettent guère de se représenter un édifice où étaient gravées sur des hermès les deux maximes fameuses : « Rien de trop » et « Connais-toi toi-même ».

Il faut voir le théâtre, petit à vrai dire (5 000 spectateurs au plus), mais son acoustique est extraordinaire et du haut des gradins on découvre un lumineux spectacle. C'est là qu'on joue encore en plein air des tragédies antiques; là où, paraît-il, à une représentation du *Prométhée* d'Eschyle, au moment où le coryphée s'écriait : « Paraissez, aigles de Zeus », on vit planer dans le ciel les vautours du mont Parnasse.

LE SOMMET DU PARNASSE

Au-delà du stade ancien, où chantent par centaines à la belle saison les sittelles des rochers aux pattes rouges, et où courent et zigzaguent de gros lézards verts, les grimpeurs peuvent, avec un bon guide, faire, s'ils en ont le temps, l'ascension du Parnasse, dont le sommet était défendu, disait-on, par des chiens de berger dressés à tuer les loups. On verra, au flanc d'une falaise, la caverne *Corycienne*, où les Thyiades honoraient Dionysos en hiver par leurs folles bacchanales.

Du sommet du Parnasse, par temps clair, on embrasse presque toute la Grèce, du Taygète à l'Olympe, et l'on peut même apercevoir le mont Athos, confondant entre ciel et mer sa masse grise et pointue.

Egine et Hydra

Son temple fait la célébrité d'Égine, son port celle d'Hydra; et ce sont les îles qu'il est le plus facile de visiter à partir d'Athènes.

Égine : temple d'Athéna Aphaïa.

Hydra : le port et la ville.

Egine, qui comptait, au dire d'Aristote, 600 000 habitants, est restée une petite île triangulaire, à 25 kilomètres au nord-ouest d'Athènes, à 35 kilomètres au sud-est de Corinthe. Occupée par des rochers volcaniques, dont les hautes parois dominent la mer, elle porta d'abord le nom d'Œnone avant celui d'Egine, qui lui vint de la nymphe mère d'Eaque, premier roi connu de l'île. Les Doriens, puis Argos la soumirent. Elle recouvra sa liberté, prit parti pour les Thébains contre Athènes, qui, finalement, au début de la guerre du Péloponnèse en expulsèrent les habitants, qu'ils remplacèrent par des colons de chez eux. Elle ne retrouva jamais, depuis, son antique splendeur, bien qu'elle devînt en 1828 la capitale du gouvernement hellénique installé par Capo d'Istria.

LE TEMPLE DE ZEUS

La ville moderne, édifiée sur l'emplacement de la ville antique, s'étage avec grâce sur une pente douce, au bord de la mer. Son temple d'Aphrodite montre encore une magnifique colonne et aussi quelques-unes des belles pierres qui en formaient le soubassement.

A 1 kilomètre de la ville, vers le nord-ouest, on trouve un tumulus semblable à ceux qu'on voit en Troade, le « tombeau de Phocos ». Au pied de ce tumulus, on remarque une enceinte fortifiée dans le roc, qui mesure environ 100 m de long sur une de ses faces, et certains y veulent trouver l'emplacement de l'Eachéion, ou tombeau d'Eaque, que Pausanias citait comme un monument très remarquable. Mais il faut voir surtout les débris du temple de

Zeus Panhellénien, qui s'élevait au nord-est d'Egine, au sommet d'un mont dont le prolongement fend la mer comme une proue. Ses belles colonnes doriennes, contemporaines de celles du Parthénon (on sait que Phidias employa des sculpteurs éginètes pour décorer le Parthénon), s'élèvent encore parmi les

Egine et Hydra

amandiers. Le sanctuaire qui l'accompagnait jadis a disparu, sauf des fragments très beaux qui proviennent des frontons. On y remarquera une statue d'Athéna casquée, dont les yeux sont fendus comme l'amande et obliques à la façon des yeux chinois; devant les pieds de la déesse sont deux guerriers nus, dont l'un tombe, blessé mortellement, et l'autre tente de lui porter secours.

A en croire Strabon, Phéidon d'Argos fut le premier de tous ceux qui firent frapper des monnaies dans l'île, et l'école d'Egine fut la première des écoles grecques de sculpture. La tortue de mer et le thon figurent sur ces monnaies, symboles d'une population de pêcheurs et de marins.

UNE ILE PROVINCIALE

Hydra est une « marine », un port blanc sur une mer d'azur, où les mâts s'enchevêtrent. Deux caps, bardés de canons, ferment la rade, où les navires semblent être embusqués, et de bourgeoises demeures, aux volets bleus dans une façade éblouissante de blancheur, s'étagent sur les pentes. C'est là qu'en 1821 s'équipèrent les vaisseaux des corsaires de la révolution, qui formèrent des amiraux sachant à merveille leur métier, entre autres le célèbre Miaoulis, l'un des héros de la Grèce indépendante et libre.

Hydra, qui comptait plus de 40 000 habitants en 1821, n'en abrite aujourd'hui qu'un peu plus de 4 000. C'est une ville tranquille, troublée seulement, à l'heure du courrier d'Athènes, par la sirène du bateau qui déverse les voyageurs et les touristes, qu'on vient voir débarquer, prendre des photographies, se désaltérer aux terrasses des cafés et repartir. Ile qu'on dirait provinciale, avec ses rues dallées, trop calmes, et sa petite place bordée de puits d'eau fraîche.

Port à Égine.

Canal de Corinthe.

Temple d'Apollon.

Corinthe

Célèbre autrefois par son isthme, d'une largeur moyenne de 6 kilomètres et qui formait comme un pont entre la Grèce continentale et le Péloponnèse, Corinthe l'est depuis 1893 par son canal (tracé par des ingénieurs français), qui fait vraiment du Péloponnèse une île, l'« île de Pélops ». En 1893, c'est-à-dire plus de deux millénaires après le premier projet conçu par Périandre, l'un des Sept Sages de la Grèce; dix-huit siècles après le projet étudié par Caligula, et dont Néron, une pelle d'or en main, inaugura le percement, qui fut interrompu à sa mort; un petit Héraclès sculpté sur un rocher marquant l'endroit où les légionnaires et les prisonniers juifs suspendirent leurs travaux!

Corinthe

Quand le canal n'existait pas, il fallait que les navires fassent un long détour par le sud du Péloponnèse ou franchissent l'isthme à l'aide d'un système de roulage, sur une voie dallée dont la Société archéologique de Grèce exhuma en 1957 des tronçons importants.

BRÛLÉE, PILLÉE, DÉVASTÉE

L'ancienne *Ephyre,* aujourd'hui *Kóritho,* a subi au cours des siècles des vicissitudes de toute sorte. Saccagée et brûlée sur l'ordre du sénat romain par Mummius en 146 av. J.-C. (l'année même où tomba Carthage), relevée par César, qui y fonda une colonie en 44 av. J.-C., pillée par les Hérules en l'an 267 de notre ère, puis par Alaric et ses Goths (396), dévastée par les Slaves au VIIᵉ siècle, elle se vit disputée par les Vénitiens, les chevaliers de Malte et les Turcs pendant quatre siècles, jusqu'en 1821, et elle eut l'infortune de subir deux tremblements de terre, l'un en 1858, l'autre, soixante-dix ans plus tard, en 1928.

Que reste-t-il de la belle cité, si florissante au VIIᵉ et au VIᵉ siècle av. J.-C., dont le commerce s'étendait à la Lydie, à la Phrygie, à l'Egypte et à Chypre, et qui fut longtemps la métropole de nombreuses colonies, depuis Syracuse en Sicile jusqu'à Potidée en Chalcidique? de la cité dont la rivalité commerciale avec Athènes fut cause de la guerre du Péloponnèse? de la cité prospère qui fabriquait de si belles poteries d'un rouge violâtre, des armes, des trépieds, des tentures, des tapis, des navires?

Il reste une ville de 20 000 habitants, réédifiée après le tremblement de terre de 1928, au nord-ouest de l'ancienne Corinthe, dont demeure un petit village la « vieille Corinthe », sur un coteau de vignes aux raisins sans pépins, mais d'où la vue, magnifique, s'étend sur le golfe d'azur.

SAINT PAUL

Mummius, en 146 av. J.-C., ayant presque tout détruit, il ne subsiste plus que sept colonnes (d'une seule pièce) du grand temple antique d'Apollon, aux chapiteaux très évasés, et une petite fontaine, enfouie profondément, délicieusement fraîche quand le soleil brûle le sol, et dont le gardien du musée voisin garde les clefs.

Au sud du temple se trouve l'agora, ceinte de basiliques et d'un vaste portique devant lequel se dressait le *bêma,*

Colonnes du portique nord-ouest de l'agora.

tribunal où saint Paul, en 51, se défendit devant le gouverneur Galion après avoir prêché fort longtemps dans la ville. Sa propagande y fit cependant naître une église, et c'est pourquoi Corinthe est encore aujourd'hui le siège d'un archevêché orthodoxe.

C'est à cette agora, par des propylées, qu'aboutissait la route venant de Léchaïon, port méridional de l'ancienne Corinthe. On y peut voir, tout proches, un théâtre et un odéon exhumés par les fouilles de l'Ecole américaine d'Athènes, dont les travaux commencèrent en 1896, les fontaines Pirène et Glaucé, et le sanctuaire d'Esculape, que les Vénitiens achevèrent au XVIIᵉ siècle.

LE TEMPLE D'APHRODITE

Mais plus rien, sur l'Acrocorinthe, ne rappelle le temple d'Aphrodite, qui comptait jadis plus de 1 000 courtisanes. En revanche, les tours crénelées évoquent le souvenir héroïque du général byzantin Sgouros, qui, lors de la conquête franque, défendit la place avec une massue et sauta dans le vide à cheval avant que la citadelle affamée se rendît.

On peut voir aussi près de Corinthe une ville romaine parfaitement conservée, et dont les mosaïques égalent les plus belles.

Jeanne et Georges Roux ont écrit que deux beautés seulement demeurent dans la Corinthe actuelle : son nom et son golfe. Son golfe, certes, est beau, dont l'horizon recule dans l'azur du printemps jusqu'aux sommets neigeux du Parnasse. Mais la large avenue pittoresque, où l'on peut voir rôtir sur les trottoirs, dans leurs braseros, des agneaux en brochettes, est aussi un spectacle qui ne détruit nullement les souvenirs laissés par l'ancienne Corinthe, et qui même la complète et l'achève.

Mycènes

La citadelle de Mycènes, lieu sinistre de la légende et de l'histoire, se dressait sur un piton abrupt, triangulaire, rattaché seulement à l'est, par un étroit passage, aux montagnes qui l'entourent. On ne peut la voir de la mer, toute proche (15 km), et le « palais sanglant des Pélopides », dont parle Sophocle au début de son *Electre*, s'évoque de lui-même dans ce tragique « nid d'aigle ».

L'importance de ce mythe, dont Eschyle, Sophocle et Euripide ont tiré d'immortels chefs-d'œuvre, s'impose ici au visiteur, qu'il imprègne. Fils du roi de Phrygie Tantale, Pélops avait été servi par son père, mêlé avec d'autres viandes, aux dieux de l'Olympe, que celui-ci recevait à sa table pour éprouver leur divinité. Or, Déméter avait déjà mangé toute l'épaule de Pélops quand Zeus découvrit le sacrilège; celui-ci rendit la vie à Pélops en remplaçant par une épaule d'ivoire l'épaule perdue et précipita son père dans le Tartare.

LE SOLEIL ÉPOUVANTÉ

Etabli en Elide, où le roi Œnomaos avait promis la main de sa fille Hippodamie à qui le vaincrait à la course en char, Pélops fit scier secrètement l'essieu du char d'Œnomaos, arriva bon premier, épousa Hippodamie et régna sur le pays, qui prit son nom et devint le *Péloponnèse*.

Deux fils naquirent du mariage de Pélops et d'Hippodamie, Atrée et Thyeste, qui se vouèrent une haine implacable. Dans un festin de réconciliation feinte, Atrée fit servir à Thyeste les corps découpés de ses enfants, puis fit apporter dans un baquet leurs têtes, leurs pieds, leurs mains pour que Thyeste reconnût ses fils, tandis que le soleil, épouvanté, se cachait pour ne pas voir un acte si barbare.

Dès lors, Atrée et ses deux fils, Agamemnon et Ménélas (les Atrides), furent voués aux Erinyes vengeresses. Atrée fut égorgé au cours d'un sacrifice par Egisthe, fils de Thyeste. Agamemnon, roi d'Argos et de Mycènes, qui avait épousé Clytemnestre, fille de Tyndare et de Léda (et dont il avait eu deux filles, Iphigénie et Electre, et un fils,

Fronton de la porte des Lionnes.

Oreste), fut poursuivi par la malédiction des dieux. Commandant en chef de l'armée des Grecs contre Troie, il se vit contraint d'immoler Iphigénie, sa fille, sur l'autel d'Artémis pour obtenir des vents favorables; et, de retour à Mycènes, il fut assassiné par Clytemnestre et son amant Egisthe. Oreste, devenu grand, vengea sur les deux coupables le meurtre de son père; mais, poursuivi à son tour par les Erinnyes pour avoir tué sa mère, il ne trouva de repos qu'après avoir été acquitté par l'Aréopage et qu'après avoir donné en mariage sa sœur Electre à son ami, le dévoué Pylade.

Ménélas enfin, roi de Sparte, qui avait épousé la belle Hélène, autre fille de Tyndare et de Léda, se la vit enlever par Pâris, fils du roi Priam, rapt qui fut cause de la guerre de Troie et d'un affreux massacre de guerriers.

L'entrée du trésor d'Atrée.

LA PORTE DES LIONNES

Que reste-t-il à voir de la vieille citadelle, dont Pausanias, qui la visita au
IIe siècle de notre ère, déclare qu'il n'y
avait déjà plus que quelques ruines :
d'abord, à son approche, le « trésor
d'Atrée », chambre souterraine funéraire du roi tué par Egisthe et, dans
l'enceinte même, le cercle des tombes
découvert par Schliemann ; surtout dans
le mur d'enceinte, la fameuse « porte
des Lionnes » (lionnes dont les pattes
antérieures sont posées sur un autel),
que certains croient avoir été faite au
XVIe siècle av. J.-C. par les Achéens,
envahisseurs indo-européens de l'Hellade, et dont le commerce s'étendit à

l'ouest vers l'Italie, à l'est vers l'Asie et
au sud vers la Crète ; enfin, les ruines
du palais, des maisons, des poternes,
avec la citerne secrète.

L'OR DE MYCÈNES

Homère, Eschyle, Sophocle parlent
avec raison de « Mycènes riche en or » ;
cet or mycénien, on peut le voir, au
retour de Mycènes, en visitant la
salle mycénienne du Musée national
d'Athènes, où se trouvent, entre autres
merveilles : une coupe en or, sur les
anses de laquelle sont perchées deux
colombes qui boivent à l'intérieur ; des
masques d'or, des poignards et des
épées à la garde incrustée d'or et de

pierres précieuses ; deux rhytons d'argent, dont l'un représente un naufrage,
et l'autre le siège d'une place forte.
Un léger détour sur la route de Mycènes à Athènes permet aux voyageurs
de visiter Némée, moins parce qu'il s'y
dresse dans un site grandiose les ruines
d'un temple de Zeus, que pour le souvenir d'un des douze travaux d'Hercule
(Héraklès), qui, après avoir épuisé sur
lui les flèches de son carquois et brisé
sur lui sa massue, tua le terrible lion
dont la dépouille lui servit ensuite, dit
la Fable, de vêtement et de bouclier, et
qui faisait s'enfuir les pâtres, épouvan-
tés, devant le grand dompteur bien-
faisant.

Mistra et Sparte

A 5 kilomètres de Sparte, sur un éperon dénudé du mont Taygète, le voyageur voit soudain apparaître une ville morte, une ville de 2 000 maisons en ruine, où l'herbe et les plantes envahissent les ruelles bordées de pans de murs et de fenêtres béantes, une ville où seules demeurent, avec un palais, le palais des Despotes, des églises miraculeusement épargnées par le sort.

C'est Mistra, la cité franque où Villehardouin construisit son château fort en 1249, pour, dix années plus tard, le laisser en rançon aux Grecs de Byzance. Devenue chef-lieu du « despotat » de Morée, Mistra eut pourtant son heure d'éclat à la fin de l'empire d'Orient, et c'est sur une dalle de marbre que fut couronné en 1449 le dernier empereur grec de Byzance, Constantin Paléologue.

Cette ville morte reste un admirable spécimen de ce que fut l'art constantinopolitain, qui préfère la brique à la pierre et qui annonce déjà un certain style baroque, avec ses arcatures, ses fenêtres à coupoles et à meneaux, les fresques de ses églises, dont la plus curieuse est celle de la Pantanassa, avec son portique aux délicates arcades.

DE VAGUES DÉBRIS

Mais Sparte est-elle moins morte ? Sparte dont Thucydide déjà prédisait qu'il ne resterait rien, étant une capitale sans temples, sans monuments, sans édifices somptueux. Comme l'a écrit spirituellement M. Pierre Lévêque, « à Sparte, la méditation doit suppléer à la visite ». Sauf quelques pierres des deux sanctuaires chthoniens d'Artémis et d'Athéna, quelques ex-voto au musée (qu'il faut voir) et quelques vagues débris de murailles tardives épars dans la campagne, rien ne reste de ce qui fut jadis Lacédémone, ou Sparte, capitale illustre de cette vallée de l'Eurotas, qui arrosait, entre le Parnon à l'est et le Taygète à l'ouest, le riche terroir dont Télémaque vantait « le trèfle, le souchet, l'épeautre, le froment et la grande orge blanche », ce terroir lourd

Mistra : église de la Pantanassa.

et riche, fait pour l'élève des chevaux et des récoltes, ce terroir où *l'Odyssée* évoque Artémis bondissant avec son arc sur les flancs du Taygète, entourée de ses nymphes joyeuses.

UNE CASTE MILITAIRE

Cet Etat aristocratique, où les citoyens, descendants des Doriens qui conquirent le pays, et qu'on appelait Spartiates ou Egaux, avaient seuls part au gouvernement (ils étaient 10 000 au temps de Lycurgue et 2 000 au IVe s.), exploitait la population conquise : les périèques, « ceux qui vivent autour », enrôlés dans l'armée et assujettis à l'impôt, sans avoir aucun droit civique; et les hilotes, serfs d'Etat attachés à la glèbe, qui, à la guerre, servaient de valets d'armes ou de rameurs de la flotte, et dont les révoltes périodiques étaient cruellement

Mistra et Sparte

Sparte : la ville et le Taygète.

réprimées. Une caste, munie d'une puissance militaire hors de pair, put bien faire de Sparte jusqu'aux guerres médiques l'Etat le plus puissant de la Grèce, mais son égoïsme, son incapacité d'assumer ses responsabilités lors de l'invasion perse, l'absence de la puissance spartiate à Marathon, l'insuffisance de son contingent aux Thermopyles marquèrent son effacement devant Athènes. Et il lui fallut l'or perse pour recouvrer dans la guerre du Péloponnèse son hégémonie primitive, que lui fit perdre à Leuctres (371 av. J.-C.) la victoire thébaine d'Epaminondas. Ses divisions intérieures, l'hostilité des hilotes et des périèques contre les Egaux, les conflits entre ses dirigeants (rois et éphores) ne lui permirent pas de s'opposer à la Macédoine ni à son roi Philippe II, qui la réduisit à la Laconie, ni encore moins à l'Empire romain, qui l'intégrera comme « cité libre et libérée ». Détruite par Alaric à la fin du IVe siècle de notre ère, elle n'est plus, depuis quinze cents ans, qu'un village, *Sparti*, mal rebâti au sud-est de la Sparte antique, et qui compte à peine 7 000 habitants.

LA FABLE ANTIQUE

Le passant y peut relire, non sans ironie ou mélancolie, le chant patriotique de Tyrtée : « Allez, enfants de Sparte, féconde en hommes, ô jeunes citoyens, couvrez votre gauche du bouclier, lancez le trait hardiment et ne comptez pour rien votre vie, car telle n'est point la coutume à Sparte... », ou, comme Chateaubriand, lancer vainement aux échos le nom de Léonidas. Sparte, disparue, prouve l'inanité, face à Athènes ou au Parthénon, d'un Etat-Moloch qui périt victime de ses institutions et d'une structure supposant chez ses habitants une vertu toujours prête, que bien peu d'entre eux pratiquèrent. Si la vallée de l'Eurotas est riche aujourd'hui d'oliviers, de citronniers, de mûriers et de vignes, Sparte elle-même, la Sparte de l'histoire, en demeure à jamais absente, et il faut aller jusqu'au Ménélaïon pour y voir le sanctuaire d'Hélène et de Ménélas, jusqu'à l'Amyclaïon pour y voir le tombeau du bel adolescent Hyacinthe, trop aimé d'Apollon, que le dieu avait tué par mégarde d'un jet de disque malheureux, l'atteignant en plein front. Mais ce sont là des monuments non de l'histoire, mais de la Fable antique.

Mistra : les ruines de la cité.

Olympie

Olympie est, avec Delphes, le plus illustre sanctuaire de l'ancienne Hellade, mais qui forme avec l'âpre montagne delphique le plus doux des contrastes, par son site lumineux et tendre, dans une plaine, au pied d'une colline aux roches d'argile molle, dans la vallée de l'Alphée et de son affluent la rivière Cladéos.

Colonnes du temple d'Héra

Olympie

Tout ici, au bord de rives couvertes de saules et de lauriers, et de prairies où paissent des chevaux, dit la paix et le calme, et a l'air de chanter des airs bucoliques, à côté de sous-bois et de grands pins sylvestres.

SIX CENTS FOIS LE PIED D'HÉRACLÈS

Si Héra et Cybèle y précédèrent Zeus, ce fut bien le roi des dieux qui régna ensuite dans l'Altis, ou bois sacré, tandis que son père Cronos, à l'âge d'or, s'était établi sur la colline qui porte son nom, Cronion.

Le temple de Zeus et un stade, dont la piste aboutissait sur la place même du temple, sont les deux édifices de ce sanctuaire célèbre. Cette piste, qui avait, dit-on, six cents fois la longueur du pied d'Héraclès (192,27 m), était bordée de talus d'herbes folles, où 20 000 spectateurs pouvaient prendre place. Le *téménos,* un téménos rond, avec l'autel au centre, fut primitivement un sanctuaire de Pélops, ce héros légendaire, fils de Tantale, ayant vaincu à la course en chars l'invincible roi de Pise, Œnomaos — victoire jugée par lui impossible puisqu'il courait avec les chevaux invaincus d'Arès. On sait comment Pélops, protégé de Poséidon, réussit à faire scier l'essieu du char royal par l'écuyer Myrtile et à épouser la vierge Hippodamie, fille d'Œnomaos. On peut voir aujourd'hui cette scène, célébrée par Pindare, fixée dans le marbre qui couvre l'un des deux frontons du temple de Zeus, où l'on peut reconnaître deux athlètes puissants, Œnomaos et Pélops, et deux femmes en péplum dorien, Stéropé (épouse d'Œnomaos) et la virginale Hippodamie, entourant le dieu Zeus. Il est bon de rappeler cette légende si, comme il est probable, on lui doit, en l'honneur de Pélops, la fondation des jeux Olympiques.

TOUS LES QUATRE ANS

Un autre héros, non des moindres, Héraclès, ayant visité ensuite Olympie après qu'il eut nettoyé les écuries d'Augias, roi d'Elide, encombrées du fumier de 3 000 bœufs, y délimita l'enceinte de l'Altis et réorganisa les jeux, si du moins l'on en croit Pindare (*Xe Olympique*).

C'est en 776 av. J.-C. que les Grecs, en tout cas, ont fixé le départ des Olympiades, dont chacune correspondait à une durée de quatre ans, et c'est à partir de cette date que furent construits, l'Héraïon mis à part, des sanctuaires

La palestre.

tels que le grand autel de Zeus; le Pélopéion; le Bouleutérion, où siégeait le conseil olympique; et, sur une terrasse au nord-est, les anciens « trésors », aujourd'hui presque tous disparus, offerts par les cités de la Sicile et de la Grande-Grèce, et par Byzance, Cyrène, Epidaure, Géla, Mégare, Métaponte, Sélinonte, Sybaris, qui toutes tinrent à l'honneur de participer aux jeux Olympiques.

Quand la Macédoine eut conquis la Grèce, Philippe déplaça le mur ouest de l'Altis pour dresser à sa propre place un Philippéion qu'acheva son fils Alexandre. Sous l'hégémonie romaine furent ajoutés un Léonidaïon, aux ruines magnifiques; un Métroon, ou temple de la Grande Mère (Cybèle); un portique de la nymphe Echo, répétant sept fois la voix. Néron, plus tard, ne dédaigna pas de construire un palais et un arc de triomphe (au sud-est de l'Altis); Hérode Atticus édifia au pied du Cronion, tout au nord de l'Altis, une exèdre où brillaient les jeux d'eau et les statues de plusieurs césars. Ce n'est qu'en l'an 393 de notre ère que Théodose mit fin, par un édit, aux jeux Olympiques, et c'est au Ve siècle que Théodose II fit transporter à Constantinople la statue chryséléphantine de Zeus, œuvre de Phidias.

LES GUERRES DEVAIENT S'ARRÊTER

On ne saurait visiter Olympie sans se rappeler l'ordonnance de ces jeux, plus fameux que les jeux Néméens, Isthmiques ou Pythiques, ces jeux dont des hérauts annonçaient tous les quatre ans l'approche dans toute l'Hellade. A cette annonce, toutes les guerres devaient être arrêtées, et des Grecs, par milliers, affluaient à Olympie : marchands venus pour installer leurs boutiques, artistes pour exposer leurs armes, rhéteurs et philosophes pour avoir un vaste auditoire, et la foule immense des curieux, qui admiraient, en attendant l'ouverture des jeux, l'Altis pleine de monuments et de statues.

La fête durait cinq jours. Le premier jour, c'étaient les cérémonies religieuses, le sacrifice à Zeus, la procession en grand apparat des délégués de toutes les cités. Le deuxième jour, au stade, où 40 000 spectateurs pouvaient tenir, c'étaient, après la fanfare d'inauguration, les courses à pied (vitesse et fond) : un tour, deux tours, douze tours ; les épreuves de lutte, de pugilat et de pancrace. Le troisième jour, à l'hippodrome, où la piste avait 770 m, avaient lieu les courses de chevaux montés et les courses de quadriges. Le quatrième jour, au stade, se déroulait le pentathlon (dont le nom veut dire « combinaison de cinq épreuves » : saut, disque, javelot, course armée [casque en tête et bouclier au bras] et lutte). Le cinquième jour, devant le temple de Zeus, on procédait à la distribution des prix : couronnes de feuillage cueilli sur l'olivier Callistéphanos (« aux belles couronnes »), et palmes aux vainqueurs, qu'attendait un retour triomphal dans leurs cités, suivi de sacrifices, de processions, de festins et de conférences.

LE GOBELET DE PHIDIAS

Les jeux se déroulaient avec faste. Les champions qui s'étaient fait inscrire, tous des Grecs et des hommes libres, se préparaient pendant les six mois qui précédaient les jeux sous la direction des *hellanodices,* les dix juges suprêmes du concours. De toute la Grèce venaient de nombreux spectateurs, qui campaient sur les bords de l'Alphée et pouvaient entendre, dans l'intermède des jeux, des conférenciers, tels qu'Hérodote, qui y lut des fragments de son *Enquête,* ou un orateur comme Lysias. Néron, plus tard, institua des concours de musique, de drame et de poésie.

Le musée d'Olympie conserve quelques-unes des merveilles de la sculpture d'alors. Ce sont d'abord celles des frontons et des métopes du temple de Zeus ; les frontons de l'est représentent les détails du concours entre Œnomaos et Pélops, surveillé par Zeus même, les figures nues des hommes ou voilées des femmes sous le péplum, et les frontons de l'ouest, le mariage des filles de Dexamène, roi d'Olénos, que tentent de ravir les Centaures du mont Pholoé.

On y voit aussi un gobelet ayant appartenu à Phidias et découvert en 1958 dans l'atelier du sculpteur — gobelet d'ailleurs mutilé, mais où se trouvent, gravés dans le vernis noir, ces deux mots : *Pheidiou eimi* (« J'appartiens à Phidias »).

LE PLUS BEAU LIEU DE LA GRÈCE

Lysias a exprimé mieux que personne cette communion des Grecs dans un même idéal, aux jeux Olympiques, lorsqu'il dit : « Parmi tous les héros qu'il sied de célébrer, Héraclès, le premier, a droit à notre souvenir, qui, par amour des Grecs, les rassembla à cette fête. Jusqu'ici la Grèce était formée de cités divisées entre elles. Lui mit fin à la tyrannie, réprima la violence et créa une fête capable d'être un concours d'énergie, une émulation de richesse, un déploiement de l'esprit humain, dans le plus beau lieu de la Grèce ; les Grecs, grâce à lui, se réunirent pour voir ou entendre des merveilles, et le héros estima qu'un tel rapprochement ferait naître entre toutes les cités une affection mutuelle. »

Ruines de l'église byzantine et emplacement de l'atelier de Phidias.

Délos

Sanctuaire d'Apollon.

« **T**erre venteuse, terre sans cultures, rocher battu des flots fait pour le vol des mouettes, Délos, dont le rivage est balayé par l'écume des ondes icariennes », ainsi s'exprime Callimaque dans son hymne à l'île qui vit naître Apollon et Artémis.

C'est une petite île (aujourd'hui *Dhílo*), autour de laquelle sont rangées en cercle les Cyclades, au nord-ouest Syros, à l'est Mykonos, puis toutes les autres à l'entour : Ténos, Andros, Cythnos, Sériphos, Siphnos, Paros, Antiparos, Ios, Naxos (où Thésée abandonna Ariane), Amorgos ; enfin, Icare et Patmos.

L'ILE ERRANTE

Sur cette île rocheuse, on adora, trois millénaires avant l'ère chrétienne, la déesse mère ; le nom de sa plus haute montagne, le Cynthe (113 m), est minoen. Puis, quinze cents ans plus tard, en pleine période mycénienne, on y rendait un culte au fabuleux Anios, fils d'Apollon, roi dans l'île, et dont les trois filles, les Oïnotropes (ou Vigneronnes), Orno, Elaïs, Spermo, avaient le pouvoir de faire pousser la vigne, le blé et l'olivier ; puis aux deux jumeaux fils et fille de Zeus et de Léto (Latone), laquelle, pourchassée par Héra jalouse, trouva refuge dans Ortygie, l' « île aux Cailles », l'île errante, qui ne se fixa et ne prit son nom de Délos (« la Brillante ») que quand Léto, sous un palmier sacré, eut mis au monde Artémis d'abord, et ensuite Apollon.

Dès le IXe siècle av. J.-C., sinon au Xe, au début du printemps, des fêtes, les *délies*, rassemblaient là les Grecs parlant le dialecte ionien. Des foires panhelléniques succédaient à ces fêtes. Dominée et purifiée par Athènes à partir de Pisistrate, Délos redevint après 315 av. J.-C. le centre commercial de la mer Egée, et son sanctuaire fut le plus riche du temps. Quand la Macédoine s'effondra, elle fut l'avant-poste de Rome vers l'Orient, jusqu'au jour où, sous Sylla dictateur, des pirates la ravagèrent. Redevenue bientôt une grande cité de négoce et de banque, elle accumula dans de vastes entrepôts, où abordaient les navires égyptiens, syriens et italiens, d'incroyables richesses, jusqu'au moment où les amiraux de Mithridate massacrèrent les 25 000 Romains qui l'habitaient, et où le corsaire Athénodore emmena en esclavage ce qui restait de la population. Il n'est pas impossible que ce soit de la Délos romaine que vint ce bateau grec, porteur d'une cargaison d'amphores, qui échoua au large des côtes de la Provence.

LES SANCTUAIRES

Des ruines considérables recouvrent la partie septentrionale de l'île. Le sanctuaire (*hieron*) d'Apollon accumule les restes de trois temples : le sanctuaire d'Artémis, la maison sacrée des Naxiens, le sanctuaire dit « des Taureaux ». Des portiques et des agoras l'entourent. On trouve, en gravissant la pente du Cynthe, des sanctuaires de dieux égyptiens et syriens, des Cabries et d'Héra ; le sommet de la montagne porte le sanctuaire de Zeus et d'Athéna. C'est de là qu'il sied de contempler Délos, son stade et ses palestres, son théâtre, le dédale de ses rues, les magasins qui bordent les quais du port, et le sanctuaire d'Esculape. Et l'on admire les restes, bien conservés, d'une ville dont les demeures sont antérieures d'un siècle à celles d'Herculanum et de Pom-

péi. On y croirait encore à la présence
vivante des anciens habitants, car l'on
y voit les réchauds de terre cuite, les
tables de marbre, les margelles des
puits striées des traces laissées par le
sillon des cordes, la cour intérieure car-
rée, au péristyle de marbre, au sol
couvrant parfois une citerne presque
intacte. Dans l'une de ces maisons, dite
« de Cléopâtre », les pêcheurs qui
viennent des Cyclades et relâchent
dans l'île font encore aujourd'hui leur
provision d'eau douce. Les mosaïques
qui ornent le sol des pièces d'apparat
sont aussi belles que celles de Pompéi.

LES LIONS DE NAXOS

Il faut aller jusqu'à l'allée des Lions de
Naxos (dont l'un est aujourd'hui à
Venise) voir les fragments d'une statue
colossale d'Apollon et de nombreuses
corés, parmi lesquelles se détachent
l'Artémis de Nicandre et la Victoire
ailée d'Achermos. De l'époque classique date un groupe de Borée et d'Ori-
thye, bien à sa place dans cette île
des Vents; de l'époque hellénistique, un
groupe d'Aphrodite, Eros et Pan.
Au musée de Délos sont conservés les
vases et les masques de terre cuite qui
proviennent de l'héraïon du Cynthe.

**Mosaïques d'une maison
d'habitation.**

La terrasse des Lions.

Ci-contre :
façade du
monastère
Simon-Pétra.

Ci-dessous :
un moine du
Mont-Athos.

Le Mont-Athos

C'est généralement de Salonique et par mer que l'on gagne l'Athos, la « montagne sainte » des Grecs d'aujourd'hui, grand cône de calcaire blanc de 2 000 mètres d'altitude, et dont le pourtour atteint à la base 115 kilomètres, bloc énorme où Dinocrate voulait tailler jadis la figure d'un gigantesque Alexandre, qui, dans une de ses mains, aurait tenu une ville et laissé un fleuve couler de l'autre.

L'Athos n'est pas une île, mais l'un des trois promontoires de l'ancienne Chalcidique, qu'un isthme étroit relie au continent. Quand Xerxès envahit la Grèce, pour parer aux dangers que sa flotte eût pu courir en doublant le cap où les vaisseaux de Darios s'étaient brisés en l'an 490 av. J.-C., il fit séparer l'Athos de la terre ferme par un canal, dont on a reconnu les traces il y a un siècle.

LE MOINE ATHANASE

Mais c'est au Xᵉ siècle de notre ère que le mont Athos devint célèbre par le choix que firent de son site isolé quelques moines résolus à y vivre en ermites ou par petites communautés. Et c'est en 963 que le moine Athanase, dit plus tard « l'Athonite », y fonda avec l'aide de l'empereur Nicéphore Phocas le premier des grands monastères qui le recouvrent de nos jours, la Grande Lavra, ou Laure, où l'on menait une vie purement cénobitique (repas sans viande, sommeil, offices, vêtements en commun), à l'exception de quelques moines soumis à un régime particulier, les idiorrythmes. Des princes, des princesses de l'Empire byzantin y fondèrent ensuite maints autres monastères; c'est là que les ambitieux mécontents de la cour de Byzance, les favoris tombés en disgrâce, quelquefois de simples particuliers frappés par l'infortune venaient attendre, les uns un retour de la faveur du maître, les autres la mort. Respectés par la conquête des musulmans, ces monastères, visités au XVIᵉ siècle par le célèbre voyageur et naturaliste Belon, sont restés à peu près les mêmes jusqu'à nos jours et suivent la règle de saint Basile. La vie des religieux, qu'ils soient des pères ou des novices, se partage entre les exercices de piété et différents travaux manuels, tels que la culture de la vigne et de l'olivier ou l'élevage des bestiaux.

POUR FABRIQUER DES CARTOUCHES

« Entre tous les six mille caloyers, écrit Belon dans son vieux langage, à peine en pourrait-on trouver deux ou trois de chaque monastère qui sachent lire et écrire ; car les prélats de l'Eglise grecque et les patriarches ennemis de la philosophie excommunieraient tous les prêtres et religieux qui tiendraient livres et en écriraient ou liraient autres qu'en théologie, et donnaient à entendre aux autres hommes qu'il n'était licite aux chrétiens d'étudier en poésie et philosophie. »
Néanmoins, chaque monastère possède une ou plusieurs bibliothèques, riches surtout en manuscrits anciens et du Moyen Age, dont plusieurs savants de notre époque ont recueilli les débris. Les Turcs, malheureusement, ayant à plusieurs reprises occupé les couvents de l'Athos, déchirèrent les manuscrits pour en fabriquer des cartouches et dégradèrent les marbres et les fresques des églises. Les moines eux-mêmes, dans leur ignorance, se servaient de *scolies* d'Homère comme amorces pour la pêche et calfeutraient leurs portes et leurs fenêtres mal jointes avec les *Vies des hommes illustres*... On découvrit pourtant au XIXᵉ siècle dans un monastère de l'Athos un précieux manuscrit des *Fables* d'Esope mises en vers par Babrias, et que publia l'érudit français Boissonnade, un *Guide de la peinture* datant du XVᵉ siècle et bien d'autres textes précieux.

UNE RÉPUBLIQUE DE MOINES

Au XVᵉ siècle, époque de son apogée, l'Athos comptait 30 monastères, de 1 000 moines environ chacun. Aujourd'hui il en existe 20, tant russes que bulgares, tant grecs que serbes, pour 4 000 moines fidèles au rite orthodoxe, et le plus grand, le Roussicon (*Russiko*), a été construit au siècle dernier. Ils

Coupoles du monastère de Dionysos.

bénéficient de l'autonomie administrative, privilège reconnu des Turcs, leur donnant le statut d'une véritable république de moines intégrée au royaume de Grèce.
Les couvents, accrochés hardiment aux rochers, s'éparpillent le long des côtes ; chacun a son enceinte, son église, ses chapelles byzantines polychromes (brique, pierre et faïence), ses coupoles couvertes de plaques de plomb cannelées ou lisses. A l'intérieur de certains, on trouve de précieuses mosaïques, des fresques, de luxueux ouvrages d'orfèvrerie, des sculptures sur bois, des bulles d'or impériales, des firmans et une collection de manuscrits qui reste encore très riche.
Le Mont-Athos, en vertu d'une bulle, toujours en vigueur, de l'empereur Constantin Monomaque (1060), est

interdit aux femmes, aux femelles d'animaux, aux enfants, aux eunuques et aux visages lisses. Les novices continuent de porter la robe noire, les moines les attributs du Christ, crâne et tibias croisés, sur leurs habits ; tous laissent pousser leur barbe et leurs cheveux, qu'ils relèvent en un chignon que cache la *scoufia*, ou toque noire.
Chaque monastère a, pour accueillir le visiteur, sa barque et son petit port, que défendaient jadis des fortins qui sont encore visibles à la Grande Lavra.
Les moines, qui cultivent la terre ou qui taillent dans le bois des bibelots pour les touristes, sont pauvres, mais accueillants et, par-là, très grecs. L'étrangeté même de cette république théocratique masculine à notre époque, l'extraordinaire aspect des couvents offrent un spectacle sans pareil.

Le Mont-Athos

Coupoles de Saint-Pandeléimon.

Echelle de Grigoriou.

Monastère de la
Grande Lavra.

Monastère de
Philothéou.

83

Palais de Cnossos :
les cornes
de Minos.

Palais de Cnossos :
le propylée
du Nord.

La Crète

Qui a visité la Grèce avant la Crète risque de se trouver dépaysé dans l'île de Minos et de Pasiphaé. « C'est bien la première civilisation blanche, a écrit André Malraux, mais c'est aussi le lagon étincelant d'un monde maori; nous n'unissons pas sans peine à l'*Iliade* ni même à l'*Odyssée* ces cours où des princes nus, coiffés de plumes d'autruches, inclinent leurs lances devant des Phèdres aux seins offerts au-dessus d'un chaste bouillonnement de tulle. »

L'Hellade est le pays des dieux; la Crète, celui de rois mystérieux, les *minos*, dont les Grecs ont tiré le nom propre de Minos, de qui la Fable veut qu'après sa mort il devint, tant il était sage, l'un des trois juges siégeant aux Enfers. Mais ce n'est que récemment, en 1953, qu'un savant déchiffra l'alphabet crétois le plus récent, dit *linéaire B*, dont usa entre le XVe et le XVIIIe siècle avant notre ère une langue grecque archaïque. Si l'on veut bien observer qu'une civilisation remontant au XXVIIIe siècle av. J.-C. existait en Crète, on mesurera la part de l'inconnu sur quoi le déchiffrement du *linéaire A* projetterait des lueurs.

LE FIL D'ARIANE

De cette île longue de 120 kilomètres, qui s'étend d'est en ouest avec des montagnes blanches abruptes comme l'Ida (*Idhi*), qui culmine à 2 490 mètres au sud, et des massifs s'abaissant au nord en collines, où se creusent des baies comme celle de La Canée, la Crète et son grand port, *Héracléion* (*Candie*), où abordent les bateaux du Pirée et d'Athènes, offrent au visiteur, à 5 kilomètres d'Héracléion, les ruines minoennes de l'antique Cnossos, l'une des « cent villes », au dire d'Homère (l'*Iliade*, II, 649), de l'île de jadis et la capitale du légendaire Minos, dont l'Anglais Evans, en 1900, inaugura les fouilles.

Qui ne connaît la légende de Thésée, fils d'Egée, roi d'Athènes, délivrant son pays du joug crétois en tuant le Minotaure, monstre mi-homme mi-taureau, qui, dans son Labyrinthe, dévorait chaque année sept jeunes Athéniens et sept jeunes Athéniennes? Ayant pu, grâce au fil d'Ariane, la fille du roi de Crète Minos, sortir du Labyrinthe après sa victoire, il emmena l'amoureuse princesse, puis l'abandonna dans l'île de Naxos (où elle sera recueillie par Bacchus). Mais Thésée oublia, en abordant au Pirée, d'arborer sur son navire le signe convenu en cas de victoire, une voile blanche; et son père Egée, apercevant de loin le navire avec une voile noire, se précipita désespéré dans la mer qui, depuis, porte son nom.

On sait aussi que Dédale, l'architecte du Labyrinthe, qui avait suggéré à Thésée la ruse du peloton de fil, fut enfermé par Minos, furieux, dans le Labyrinthe, avec son fils Icare, et qu'ils ne purent s'échapper de l'île qu'en s'attachant des ailes avec de la cire et en s'envolant.

UN ROI À TÊTE DE TAUREAU

Or, le Labyrinthe, ou palais de Cnossos, demeure, et l'on y voit encore « la salle de danse que, jadis, l'art de Dédale bâtit, nous dit Homère, pour Ariane aux belles tresses ». On y voit aussi la grande cour centrale, autour de laquelle s'ouvraient les appartements de réception, dont la salle du trône de Minos (ou duminos) avec les bancs des conseillers de la Couronne, les pièces privées, les magasins de provisions avec leurs pithoi, et les salles du culte. Toutes ces pièces juxtaposées donnent sur des couloirs et ouvrent sur des puits, car le Labyrinthe était bâti sur une éminence, et les plans du palais sont différents. Les murs sont faits de moellons liés par un mortier de pierre. La toiture est plate. On est frappé, en contemplant ces ruines, par l'abondance des installations et des salles d'eau, et aussi par les peintures qui recouvrent le stuc fin des murs, peintures à la détrempe,

Palais minoen de Cnossos.

Pithoï (jarres) dans les celliers du palais de Cnossos.

représentant des plantes, des poissons, des dauphins, un taureau, des toréadors, un roi à tête de taureau et des femmes et des hommes, ayant l'élan, la grâce légère de la jeunesse ardente. On admire une déesse crétoise de la Fécondité, la Dame aux serpents, ceinte d'une tiare, la gorge nue, la tête et le buste entourés de trois serpents.

« Le Prince aux lys ».
Musée d'Héracléion.

Église du couvent d'Arkadi.

THUCYDIDE AVAIT RAISON

Après le Labyrinthe, il faut visiter Mallia, où l'Ecole française a mis au jour un palais et des maisons; Gournia, qui offre sur sa colline une ville minoenne; Phaïstos, dont un palais surmonte l'acropole; mais encore et surtout le musée d'Héracléion qui conserve les plus purs chefs-d'œuvre de la céramique égéenne (vases ornés de poulpes), de la damasquinerie et de l'orfèvrerie.

On rêvera sans doute, en quittant la Crète, à la légende qui veut que Zeus naquit dans l'île et y fut nourri par la chèvre Amalthée, quand Rhéa, sa mère, dut le soustraire à l'appétit monstrueux de son père Cronos.

On peut croire, aussi, que Thucydide ne se trompait pas quand il louait la puissance d'un Minos, qui possédait une flotte, régnait sur toutes les Cyclades et autres îles de la mer grecque, et donnait la chasse aux pirates, en étendant partout son pacifique commerce.

Golfe de Messara.

Paysan de Kamarès.

Port d'Héracléion.

Moulin du Lassithi.

Ruines de Mallia.

Toilette de fête, à Prinias.

Pêcheurs, à Iérapétra.

Paysan, à Héracléion.

Les remparts de Rhodes.

Rhodes

Peut-on aller en Grèce sans voir Rhodes, la plus importante des îles du Dodécanèse, grand navire ancré près de la côte, au sud-ouest de l'Anatolie, dont elle n'est séparée que par un canal large de 12 kilomètres?

La chaîne des montagnes qui la traverse, l'Atabyros, l'Acramytis et le massif de Saint-Elie, lui donne de loin un aspect sévère, mais elle charme le regard par son climat, son ciel lumineux et pur, et par la végétation si drue de ses vallées, où les ruisseaux murmurent sous un épais rideau de lauriers-roses.

LES CONSEILS DE L'ORACLE

Les pins, l'olivier, le figuier y abondent; Virgile a célébré des vignobles qui n'ont point dégénéré; des mimosas l'hiver, des bougainvillées l'été y fleurissent; des plages délicieuses et deux ports excellents, Lindos et celui qui donne son nom à l'île, Rhodes, font encore la fortune d'une île qui entra dans l'histoire quand des bandes d'aventuriers doriens, venus d'Argos et de Sparte, y fondèrent, sur les conseils de l'oracle de Delphes, les colonies d'Ialyse, de Camère et de Lindos. Ce sont des Rhodiens qui fondèrent plus tard Parthénopé (la future Naples), Géla et Agrigente; des Rhodiens également, qui, débarqués dans notre pays, donnèrent le nom de Rhodanoussia à la cité qui fut plus tard Arles.

Les trois cités rhodiennes fondèrent aussi au nord de l'île leur capitale, Rhodes, dont la construction fut confiée à Hippodamos de Milet. Forcée de prendre parti dans les querelles de la Grèce, alliée aux Ptolémées, la forteresse de Rhodes résista en 305 av. J.-C. au siège que lui fit Démétrios de Syrie, et, du matériel abandonné par l'assiégeant, fit la gigantesque statue de bronze (32 m de haut) représentant le soleil, et qui prit place parmi les Sept Merveilles du monde sous le nom de Colosse de Rhodes, magnifique à l'entrée du port, jusqu'au jour où un tremblement de terre (225 av. J.-C.) la disloqua dans les eaux.

LES TEMPLIERS

Capitale intellectuelle du monde antique, avec Alexandrie et Pergame, devenue la ville des chevaliers hospitaliers de Saint-Jean, qu'enrichirent au Moyen Age les biens des Templiers, Rhodes, avec eux, pourchassa les pirates et les infidèles, jusqu'à l'époque où Soliman II, avec une flotte de 300 voiles et une armée de 100 000 hommes, s'empara, au bout de cinq mois, d'une île que défendaient les 600 chevaliers et les 4 000 soldats du grand maître Villiers de L'Isle-Adam.

Il faut voir, à l'entrée du port, la tour Saint-Michel, flanquée de petites tourelles rondes, qu'ébranla fortement et lézarda un tremblement de terre en 1856; et, au sud-ouest, une tour d'origine turque. Le port est défendu par une muraille crénelée. C'est au nord du port actuel que se trouve le « petit port » ancien où se dressait le fameux colosse; la légende veut que deux rochers formant assise aient supporté cette merveille du monde.

CLARA RHODOS

A l'intérieur de la ville, une rue montante relie l'ancien hôpital des Chevaliers au palais des Grands Maîtres, en passant devant les vieilles auberges aux façades de pierre jaune ornées de blasons de marbre. La plus belle promenade est le tour des Remparts, d'où l'on a une vue sur la ville et la mer.

On peut gagner par la route Ialysos, dont l'acropole montre les fondations du temple d'Athéna et le château, restauré, des chevaliers de Saint-Jean; puis Camire, avec son antique acropole, plantée de pins; enfin Lindos, à l'acropole crénelée, et dont le temple d'Athéna, aux belles colonnes, semble plonger à pic dans les eaux.

On peut aussi, dans la claire Rhodes (clara Rhodos), rêver à ce Rhodien Memnon, qui, à la tête des troupes de Darios, tint tête à Alexandre le Grand; au peintre Protogène; au sculpteur Charès de Lindos; au philosophe stoïcien Cléobule; et songer à deux grands hommes qui y obtinrent droit de cité: l'orateur Eschine et le poète Apollonias.

Mais l'impérissable souvenir, avec celui du Colosse, est la mémoire glorieuse du Français Villiers de L'Isle-Adam, dont l'héroïque résistance inspira le respect à Soliman lui-même.

En haut, à gauche :
sanctuaire d'Athéna Lindia,
sur le rocher de Lindos.

Ci-dessus : palais des
Grands Maîtres, à Rhodes.

En haut, à droite :
château des Chevaliers,
à Lindos.

Ci-contre : la cour de l'ancien
hôpital des Chevaliers, à Rhodes.

La vie quotidienne

« Christo! — Amessos! »
Miracle quotidien de la Résurrection : il suffit de l'appeler, en frappant des mains, il arrive, « amessooooos », tout de suite, c'est-à-dire quand il lui plaît, une serviette sous le bras. Et pas seulement lui. Toute une foule de dieux païens, de héros, de personnages fabuleux, Aphrodite, Athéna, Socrate, Héraclès, et j'en passe, bruns, bouillants, grouillants, défilent en effervescence perpétuelle, illustration vivante de *l'Iliade*, qui s'ouvre, on s'en souvient, sur le mot « colère ».

LES NOMS PROPRES

Mais sont-ils vraiment d'époque, sont-ils Grecs comme leurs noms propres? Ma foi, oui, au profil près, retouché par de menus traits slaves, latins ou turcs. Achille Péléide (fils de Pélée) s'appelait le héros homérique. Aujourd'hui, son nom de famille se termine en *-poulos* ou en *-idès* (fils de...). Monsieur *-akis*, neuf fois sur dix, vient de Crète; *-akos*, n'en doutez-pas, est Maniate (Lacédémonien) et, par conséquent, rancunier; *-atos* est né en Céphalonie. Lui, il abuse des jurons. Ah! voilà un Epirote! Pourquoi? Parbleu, il est dolichocéphale! La caboche, c'est infaillible.

Entêté comme un Albanais, un *arvanitis*, dit-on. Et allez donc convaincre le Moraïte, l'enfant du Péloponnèse, qu'il n'est pas le plus finaud, le plus malin dans tout le *roméiko*, dans tout l'hellénisme, vu que sa terre natale fournit régulièrement la nation en Premiers ministres. Le Rouméliote, brave plutôt que vif, chuinte comme l'Auvergnat. Les Grecs d'Asie Mineure et de Constantinople, souples et ingénieux, ont toujours fait figure de pionniers. Un ton plus foncé : le camp des romanichels. Les femmes vendent des étincelants moulins à café — « Myloës! myloës! » —, des paniers de jonc et, une cigarette derrière l'oreille, disent la bonne aventure.

Vous épouserez une milliardaire brune, jeune homme, *sé tria termina*, dans trois jours, trois mois, trois ans ou trois siècles. Beaucoup, cependant, manquent à l'appel. Si, depuis Ulysse, l'aventure a poussé le Grec loin de son Ithaque, la misère a chassé du pays 600 000 âmes en dix ans, de 1955 à 1964, soit 7 p. 100 de la population, à peu près le taux annuel de la croissance démographique. On ne dit pas « partir », tout court, on dit « emmener ses yeux et partir », ou bien « jeter une pierre noire derrière soi ».

LA PETITE PLACE

Les autres se débrouillent sur place, vaille que vaille. De préférence dans le fonctionnariat, le régime des retraites et des pensions étant très en avance sur celui des salaires. Suivant la tradition, bien hellénique, du *rousfeti* (faveur), l'électeur va voir le député de la région et, sous peine de le « noircir » aux prochaines élections, réclame une « petite

1

2

3

4

5

6

1. Changeur, à Athènes.
2. Cireurs de chaussures.
3. « Pèse-piétons », au Pirée.
4. Marchand d'olives.
5. Quincaillier.
6. Marchand d'eau potable.
7. Boucher, à Héracléion.
8. Marchand d'éponges.

7

8

La vie quotidienne

place » pas trop fatigante. (Les diminutifs sont courants, en grec moderne, comme en allemand ou en russe.)

« Mais..., voyons, qu'est-ce que tu aimerais faire? demande un jour, excédé, tel député des îles Ioniennes.
— Eh bien! je pourrais, par exemple, remuer tous les dimanches ce bastounet », dit l'électeur qui, la veille, avait admiré, sur la place, le chef de la fanfare municipale.

Or, la « petite place » *(i thessoula)* se révèle, hélas!, précaire. Le prochain ministère viendra déloger le titulaire. Il existe, en plein centre d'Athènes, à deux pas de l'université, un square appelé *Platia Klafthmonos*, place des Larmes. Les fonctionnaires des ministères avoisinants, lorsque le parti opposé venait au pouvoir (« aux choses sérieuses », *sta pramata*, selon l'expression réaliste), prenaient leur chapeau et s'en allaient dans le square pleurer sur leur sort avant même d'avoir reçu le congé officiel.

Ceux qui n'ont pas choisi l'Administration font du commerce. Ils y réussissent, parfois admirablement. Et comme aux Etats-Unis, on trouve parmi ces riches des bienfaiteurs généreux. *Averof*, le cuirassé de la flotte grecque, porte le nom de son donateur; le musée Benaki aussi. De nos jours, hélas!, les traditions se perdent. Il va de soi que tous les commerces de tourisme sont particulièrement florissants. Et, mon Dieu! bon an mal an on enregistre quelques abus dans ce berceau de l'épopée. Mais jamais, au grand jamais, on n'a vendu en Grèce vingt fois le squelette du frère Hidalgo, comme cela arrive au Mexique, semble-t-il, ou bien le crâne de Voltaire enfant.

LA RUÉE VERS LES CENTRES

Presque la moitié de la population vit dans les campagnes. Le D. D. T. a supprimé le paludisme, les antibiotiques ont guéri la tuberculose. Et pourtant, malgré leurs postes de radio, leurs tracteurs, l'irrigation, etc., un paysan gagne encore moins qu'un ouvrier. Nous voici aux sources de l'*astyfilia*, de la ruée vers les centres industriels, vers Athènes, Le Pirée, Patras ou Kavalla, ville autrefois célèbre pour son prolétariat révolutionnaire, recruté dans l'industrie du tabac. On change d'air et de misère. Les femmes se placent comme bonnes. On peut encore se faire servir pour un prix modeste, malgré les embûches des syndicats.

Précisément, en septembre kyr-Odysséas a conduit à la ville sa plus jeune fille, Antigone, dix ans. Il l'a placée chez Mᵉ Démosthène, l'avocat, et il a ramené de la foire un cheval. Non pas de la Grande Foire internationale de Salonique. Non, c'est un baraquement provisoire sentant la brochette, le cuir et la crotte de cheval, où les *kilimia* (tapis), les *flokatès* (couvertures), les machines et le halva occupent, pour quelques jours, la place Centrale. Pendant le voyage de son mari, kyra-Pinelopi, à la maison, a préparé le *trachana* (semoule) pour toute l'année et les *soutzoukia*, saucisses de noix, trempées dans le moût.

Tonte des chèvres, en Crète.

DEUX CIGARETTES

Du côté de Corinthe, barba-Periklis, l'oncle Périclès, vient de terminer ses vendanges. A perte de vue, la *stafida*, le raisin sans pépins, sèche au soleil. Le cousin de Calamata, lui, se tourne cette année les pouces, puisqu'il cueille ses olives une année sur deux seulement. En revanche, ceux de Macédoine ont eu des ennuis avec le tabac. Dans la plaine de Livadia, Aspassia ramasse le coton de la fin septembre au début novembre, d'abord la moisson, puis le regain. Elle est payée à la pièce et doit donc aller vite, très vite, très très vite, sûre de manquer de travail les mois à venir. C'est une des rares occasions de se dépêcher, dans ce pays où l'on a toujours le temps. Ne vous pressez pas, vous vieillirez vite.

« Est-ce loin, le village?
— Hum..., environ deux cigarettes... »
Et c'est le même sous-emploi chronique qui explique, du moins en partie, le spectacle de ces grappes d'hommes, encore jeunes, qui passent des journées entières au café à jouer aux dés ou aux cartes.

En hiver, le vent glacial du Vardar balaie la Macédoine. Combien de nuits Kalliopi a-t-elle veillé pour tisser sur son métier, assise par terre, près de la cheminée? Rinio, à côté, brode son trousseau. On raconte des histoires, histoire de tuer le temps, on pose des devinettes.

« Un million, un milliard de moines, enveloppés dans une soutane, qu'est-ce que c'est? — La grenade. »
A l'approche de Noël, on tue le

L'heure du café.

cochon. Le reste du temps, on se nourrit de haricots, de lentilles, de pois chiches, préparés toujours à l'huile d'olive. Autrement, pour manger encore de la viande, il faut attendre Pâques.

LE « MARTI »

Ti Lambri, l'Eclatante, ainsi appelle-t-on la fête de la Résurrection et du Printemps. En janvier, nous avons eu quelques journées magnifiquement ensoleillées. « Voici les alcyonides de l'Antiquité », répète chaque année l'érudit de la famille. Le 1er mars, Kalliopi attache un fil rouge et or, le *marti*, précisément, autour du poignet de sa fille. Pourquoi? Voyons, c'est évident : pour lui éviter les coups de soleil. Le dimanche de Pâques, le *marti* rôtit à la broche, enroulé autour de l'agneau pascal.

Juillet, 4 heures du soir. Le souffle brûlant du *liva* transforme en fournaise la plaine de Thessalie, la Beauce grecque. De l'autoroute, on peut voir Miltiadi aller et venir sur son tracteur, le mouchoir posé en calotte sur la tête, un nœud à chaque bout. Kyra-Clio, elle, est en train de blanchir la maison en torchis ou bien d'ouvrir, au rouleau, les innombrables couches de pâte feuilletée qu'exige la *pitta*. Oh! une mante religieuse est entrée par la fenêtre. C'est le « petit cheval de la Vierge », porteur de bonnes nouvelles. Clio trouve le temps de soigner ses fleurs, ses plants de basilic qui poussent dans des boîtes en fer-blanc, ou bien la « crête-de-coq », ou encore — mais plus rarement — ce fuchsia qu'on appelle les « boucles-d'oreilles-de-la-reine ». La femme grecque entretient, sur une terre où l'eau et l'argent sont plus rares que les larmes, cette propreté dont le proverbe assure qu'elle est une demi-noblesse. Mais, chacun le sait, un proverbe n'est qu'une demi-vérité.

Sur l'une des 1 425 îles, capetan-Stratis est parti ce soir à la pêche, à la tête des lamparos, des « gris-gris ». D'autres emploient le *pyrofani*, ou bien, le jour, la traîne (*trata*), ou bien une ligne (*syrti*), ou bien... La pêche à la ligne n'est plus à la page, estime Léonidas. Fier de son fusil sous-marin, il livre régulièrement poisson et langouste au bistrot de son oncle. Sur la jetée, la marmaille des neveux s'en tient aux moyens primitifs : ils trempent une jambe dans l'eau et peu après la retirent enlacée par un poulpe. Voyez, voyez...! et la mer fut toute en liesse, οἴνοπα πόντον disait, déjà, Homère pour décrire le visage aviné, l'ivresse perpétuelle de la mer, comme si Dionysos et Poséidon étaient deux faces d'un seul dieu.

Pêcheurs, à Lesbos.

Jeune garçon, à Mykonos.

Embarquement, à Trikeri.

ORTHODOXIE

« ...Baptisé, le serviteur de Dieu, Ioannis », ou Andréas ou Grigorios, peu importe! Triple immersion dans l'eau des fonts baptismaux. Le serviteur de Dieu, couleur d'aubergine, s'égosille et s'ébroue sous l'huile qui dégouline de son crâne. « Renies-tu Satan? » Oui, le parrain renie Satan et crache trois fois : ftou! ftou! ftou! Le voilà baptisé orthodoxe, le serviteur de Dieu, à l'âge de six mois. Son parrain distribue à chaque invité une petite croix, un *martyrikon*. Ce parrain est souvent le député du lieu, car le baptême sert aussi à recruter des électeurs. Plus tard, il sera le *coumbaro* (sorte de parrain témoin) de son filleul, lorsque celui-ci en viendra à danser la danse circulaire d'Isaïe, synonyme de mariage. Pour la loi grecque, seul le mariage religieux, célébré selon le rite orthodoxe, est valable : « ...ceux que Dieu a unis, que l'homme ne les sépare point ». Il appartient donc à Dieu de les séparer : la procédure du divorce s'ouvre devant l'évêque, la tentative de réconciliation se fait par lui. S'il échoue, alors la parole est au tribunal civil.

Qui dit mariage dit dot. Les ascendants sont légalement obligés de constituer une dot à leurs descendants. Souvent, les frères aînés triment pendant toute leur vie pour marier une, deux, trois, quatre sœurs. « Combien d'enfants avez-vous, mastro-Vassili? — Deux enfants et une fille. » Dans le Péloponnèse, à la naissance d'une fille on plante parfois des cyprès. Non pas en signe de deuil, mais parce que dans vingt ans, lorsqu'elle se mariera, les cyprès — dont on fait les mâts des navires — lui serviront de dot.

Pope, à Hydra.

TOUTE UNE NUIT
DANS UNE ÉGLISE

L'Eglise orthodoxe n'est pas une puissance politique, elle n'est ni de droite ni de gauche. Elle ne forme pas des bien-pensants, au sens occidental du terme, bien que les noyaux organisés de croyants ne manquent pas (par exemple l'association « Zoé »). Ses rapports avec l'Etat ressortissent au « ministère de l'Education et des Religions ». L'instruction religieuse est donc obligatoire dans l'enseignement d'Etat, aussi bien à l'école primaire qu'au lycée. On commence par les rudiments du catéchisme, une explication de la Bible, on continue par l'histoire de l'Eglise et le commentaire de la liturgie, puis, dans les grandes classes, un professeur de théologie enseigne les éléments de la morale et de la métaphysique religieuse, les preuves de l'existence de Dieu, etc. C'est un laïc, comme le professeur d'histoire ou de géométrie.

L'orthodoxe, contre la sagesse du proverbe, s'adresse volontiers non pas au Bon Dieu, mais à ses saints. Il récite peu de prières. Il allume un cierge et peut rester debout et recueilli toute une nuit dans une église. On le voit souvent égrener un chapelet. Mais, attention, son geste n'a pas toujours un sens religieux. Il ne communie pas d'une hostie,

mais de pain et de vin. Il se confesse peu, mais jeûne plusieurs fois par an et s'interdit la viande, le poisson, les œufs, le lait et même, pour le vendredi saint, l'huile. Avant de pendre la crémaillère dans sa nouvelle maison, il fait venir le pope pour l'*hagiasnos*, l'inauguration. On asperge toutes les pièces d'eau bénite au moyen d'une branche de basilic, la plante sacrée. (Grâce à elle sainte Hélène a pu, jadis, identifier la croix du Christ, où, miraculeusement, un basilic avait fleuri.)

D'innombrables et minuscules chapelles bordent les rues ou les routes, érigées par n'importe qui. Ce ne sont pas des monuments, ce sont les maisons du Bon Dieu. Une icône au fond d'une niche, une veilleuse, c'est tout. Dominant de leur blancheur ou de leur coupole bleue un village maritime, isolées au tournant d'une route en lacets, ces chapelles sont pour tout promeneur, croyant ou pas, une rencontre douce et familière.

Il arrive souvent que le pope soit encore plus pauvre que ses ouailles. Il a le droit de se marier — sauf s'il brigue l'épiscopat —, et il en use. Si, par hasard, vous le rencontrez, montant en amazone un bourricot — vu la soutane —, armé d'une ombrelle rose bonbon, alors, vite, faites un nœud à votre mouchoir, sinon il porte malheur. Encore une des innombrables superstitions. Tenez, le bourri-

Jeune pêcheur.

cot lui-même porte autour du cou un collier de perles bleues qui le garantit du mauvais œil.

ZYTHOS ET BIRA

Ecrit : passable. Oral : collé. Voilà le bulletin du touriste. Car s'il arrive à épeler, sur les enseignes et les journaux, les nobles caractères, cauchemar de son adolescence, et à en saisir parfois le sens, en revanche il perd son grec dans

Débarquement des pastèques, à l'île de Kos.

Une ruelle de Mykonos.

le flot ininterrompu de cris et de sons barbares qui l'entoure. Deux raisons à cela : la première vient de vous, étranger, qui prononcez le grec à l'érasmienne, c'est-à-dire en analysant les diphtongues, en disant, par exemple, *mo-ï-ra* (μοῖρα, destin) là où l'indigène prononce *mi-ra*. De surcroît, vous latinisez certaines consonnes, le δ, le θ, vous appelez *bi-os* (vie) ce que votre interlocuteur appelle *vi-os*. L'autre difficulté tient à l'Hellène, qui est pluri-lingue : il écrit une langue archaïsante, plus proche du grec ancien et, à ce titre, accessible à l'humaniste étranger, mais il parle un langage populaire (le démotique), avec sa grammaire, son style propres. Ainsi, vous lisez sur les bouteilles *zythos*, mais vous commandez au garçon une *bira*, les deux mots désignant la même chose, à savoir la bière. Ce désordre embarrasse moins Monsieur le touriste (car tout le monde, par ici, bon gré mal gré, est polyglotte) que le Néo-Hellène, qui ressent cruellement l'absence d'un Littré.

Cela dit, l'opposition entre le grec ancien et le grec moderne est beaucoup moins tranchée qu'il ne semble à première vue. L'Athénien d'aujourd'hui comprend parfaitement l'Evangile et écoute la messe dans une langue quasi maternelle. Il en a même retenu quelques formules dans son répertoire quotidien. *Kyrie, eleison!* peste-t-il de rage et de dépit avant d'en venir aux coups.

Le grec moderne, bien qu'il n'atteigne pas à la perfection antique, n'en est pas moins riche et savoureux, avec une odeur de parfums d'Arabie. Il a reçu, au lieu des règles de Vaugelas, les leçons de la vie. Le mousse du pétrolier *Hagios Nikolaos*, amarré à Singapour, peut écrire aux siens, quelque part dans les Cyclades : « *Sas ponessa* » (« J'ai mal à vous »), comme Mᵐᵉ de Sévigné. N'y-a-t-il pas des statues qui nous touchent davantage par les mutilations du temps que par leur perfection origi-

Rencontre à Myklos.

nelle? La langue grecque porte inscrite en elle son histoire. Certaines terminaisons en *-itsa* rappellent la présence slave, d'autres, en *-arios*, remontent, à travers Byzance, jusqu'à Rome, et l'Orient musulman est là, par exemple, dans le vocabulaire culinaire : *pilaff*, *dolma* (feuille de vigne farcie), *moussaka* (gratin d'aubergines), et jusqu'au Brillat-Savarin grec, dont l'ouvrage classique connut un immense succès de librairie : *Tselemendès*.

XENIA

Rien ne définit mieux le grec de tous les temps que ce terme antique de *xenia*, « hospitalité », aujourd'hui réservé aux hôtes du tourisme. L'obscure croyance ancestrale que l'étranger est un dieu possible et doit être honoré comme tel ouvre tous les foyers à l'hôte sacré. Entrez, vous êtes toujours le bienvenu.

Qu'elle soit du type égéen — cube blanc, toit plat — ou de style continental — toit incliné, construction en hauteur —, la maison qui vous accueille ne remonte pas au-delà du XVIIIᵉ siècle. Asseyez-vous. La banquette s'appelle un *minteri* (tréteaux surmontés d'une planche ou d'un matelas). Le tabouret bas en bois sculpté, vous le verrez, à

La vie quotidienne

coup sûr, à Skyros. Au fond, l'iconostase où brûle la veilleuse. Pour la
mèche, on emploie parfois ces fleurs de
la garrigue au nom joliment latinisé :
louminia. A côté, l'encensoir en bronze,
surmonté d'une élégante petite croix.
Et voici Arlequin (*i kourelou*); c'est un
tapis fait de petits bouts de tissus multicolores. Il s'étend devant la plus noble
partie de la maison, la cheminée. On
emploie, précisément, ce mot *ta tzakia*,
« les foyers », pour désigner les vieilles
familles. Et l'on ne dira jamais assez la
force et la profondeur des survivances
féodales, bien que la noblesse, au sens
occidental, n'existe pas ici.

Jusqu'à présent tout est sobre et de bon
goût. Dès lors, comment expliquer la
médiocrité affligeante de la capitale,
où l'on ignore la crise du logement
(pièces spacieuses, escaliers et éviers en
marbre blanc, meubles danois, etc.),
mais où le problème de l'urbanisme
s'aggrave sans cesse? C'est qu'au siècle
dernier, au lendemain de la Libération,
Athènes fut en partie construite par les
architectes allemands du roi Otton.
Leurs élèves grecs étaient, à leur tour,
formés en Allemagne. Et ainsi de suite.
Une des capitales possibles de la Grèce
serait Munich. Pour comble de para-
doxe, le modèle qui inspirait les Allemands de l'époque était... la Grèce,
celle de Winckelmann et de Lessing.
Pourtant, du côté hellénique, on pense
de plus en plus à revenir aux sources.
D'où certaines réalisations heureuses

Jeune fille en train de tisser, à Mykonos.

inspirées de la tradition locale. Bien
sûr, on trouve par ailleurs des constructions modernistes (telles que le Hilton ou
l'ambassade des Etats-Unis à Athènes).
Et même, si les dieux y consentent, on
peut voir surgir en éclair, dans la
lumière ocre de tel quartier perdu de
la capitale, la palette et les perspectives angoissantes de Chirico.

ECOLE ET LOISIR

Σχολὴ (*scholé*) a toujours signifié à la
fois « école » et « loisir », l'union des
contraires étant le propre du génie
grec. De même que les boules, ici, sont
carrées et plates, et que la pétanque se
confond avec le jeu du palet, la crise de
l'enseignement y est chronique. En
principe, l'instruction primaire est obligatoire et gratuite. Mais comme dans
le célèbre couteau sans manche auquel
manque la lame, il n'y a souvent ni
école, ni enseignants, ni élèves, puisque
dans les campagnes on travaille quelquefois dès l'âge de huit ans. (En grec
démotique, on dit « servitude », δουλειὰ,
pour « travail »). L'enseignement libre
est laïque. Et, cependant, l'université
d'Etat comprend une faculté de théologie.

On ne sait trop où commence le loisir,
où finit le travail. Les heures de bureau
sont arrosées d'innombrables tasses de
café turc. Au fait, comment l'aimez-

vous? Sucré, pas sucré, fort, moyen ou
faible? Vous êtes cinq, vous commandez
cinq cafés différents au garçon, au
mikros. Parfait. Soyez sûr qu'il les prépare ensemble dans le même récipient,
le *briki*. Après quoi, il baptise chaque
tasse.

L'Athénien, comme tout grec qui se res-
pecte, apporte un grand soin à sa toilette. Moins par souci d'élégance que
par dignité. Le défi à la misère —
l'orgueil des peuples pauvres —
exprime un optimisme profond, la réso-
lution du combat. Chaussures cirées,
vêtements d'un goût quelquefois dou-
teux, mais propres. Le contraire, donc,
de l'exhibitionnisme : la tenue. La *kalos-
kagathos* néo-hellénique, le *levendis*,
exclut, entre autres, toute ombre de
crasse. Il a pour vertu fondamentale le
filotimo (« amour-propre ») et une
extrême gentillesse. Bon pour l'Occident, le négligé signé Yardley. A ce
propos (à propos de tenue), ne pas
confondre le *manga*, le gavroche grec,
avec le *loustro*, le cireur de chaussures,
très important personnage de la vie
athénienne. Important au point qu'un
grand cinéma, aux environs de la place
Omonia — le « Rosyclair » —, affichait
à la porte : « Prière de laisser à l'entrée
vos caisses de cirage. » Toujours côté
loisir, il y a aussi le *daïs*, le dur, le gars
du milieu. Qu'est-ce qui le distingue du
trabouko? Difficile à dire. Une nuance.
Marie-Chantal, elle, est immuable et
internationale.

Intérieur d'une maison
de pêcheur, à Zea.

A CIEL OUVERT

A la ville comme à la campagne, hiver comme été, la vie s'écoule à ciel ouvert. On travaille et on s'amuse en plein air, la lumière pénètre partout. Le 1er-Mai n'est pas seulement la fête du travail, elle est aussi celle des fleurs. Chacun accroche au-dessus de sa porte d'entrée une couronne fleurie qu'il brûlera aux feux de la Saint-Jean. Pavoisons pour deux fêtes nationales, le 25-Mars — anniversaire de la guerre d'Indépendance contre les Turcs —, le 28-Octobre — celui de l'agression italienne, en 1940. Le 15-Août, un grand pèlerinage à la Vierge miraculeuse de Tinos rappelle les pèlerinages de Lourdes. Pour tout Grec, le jour de sa fête — de son « nom » — est autrement important que son anniversaire. Les saints patronnent toujours qui une ville, qui un corps de métier : saint Démétrios, Salonique ; saint Nicolas, les marins ; sainte Barbara, l'artillerie. Dans les campagnes, le patron est honoré par le *paniguyri*, la kermesse. Aujourd'hui, le 6-Août, c'est la fête du Sauveur. De bonne heure, tout le monde s'est rendu à pied jusqu'à la chapelle du monastère

Accostage au Pirée.

La danse du samedi soir.　　　Café en Crète.

dédié à Lui, haut perché sur le sommet. On assiste à la messe. *Chronia polla*, kyr-Sotiri, longue vie. On tutoie kyr-Sotiri, le cordonnier, pour lui souhaiter bonne fête, sans lui serrer la main ; d'ailleurs on se tutoie toujours. Tu nous paies une tournée ? A la tienne, *sti ya sou*, kyr-Sotiri. Le vin résiné n'a jamais fait de mal à personne. L'alcoolisme ? Inconnu. D'abord, on ne boit jamais sec. Le résiné arrose les brochettes de

kokoretsi et de *splinantero* (fressure), le cochon ou l'agneau de lait à la broche. Ensuite..., euh..., il faut tout de même garder l'usage de ses jambes pour danser. Tous les yeux sont braqués sur vous s'il vous arrive de mener la ronde, un mouchoir à la main gauche, et d'exécuter les figures subtiles du *syrtos*, du *kalamatianos* ou du *tsamiko*. Ceux que vous conduisez suivent en traînant les pieds un peu au petit bonheur, en

figurants de chœur antique. Vous vous essoufflez ? Alors, chantez maintenant ! Passez la main à votre voisin. *Opa !* En avant la musique, violon, clarino et *santouri* ! Mais ce rituel ne s'applique pas au *pentozali* crétois, qui est un épuisant travail d'équipe, ni au *Bœllo* des îles Ioniennes, dansé par couples. Enfin ! le *bouzouki*, vedette de toute festivité grecque depuis une vingtaine d'années.

UN STYLE DE VIE

Du folklore on passe à la musique populaire. Je m'explique. Ce qu'on entend jouer par les orchestres des *bouzoukia* n'est pas l'œuvre d'un compositeur anonyme et collectif. Ce sont des chansons écrites d'après un original populaire : le *rebetiko*. Mais peu importe. Collectif ou pas, le *bouzouki* a réussi à exprimer un certain climat, à créer un registre sonore pour une certaine Grèce d'après guerre. Seuls les hommes restent sur la piste. Les bras en espaliers, ils dansent lentement, presque sur place, les figures graves du *hassapiko*, solitaires et lointains, attentifs à on ne sait quel secret, quelle menace, quelle vérité.

Le *paniguyri* fait, aussi, sortir des malles les jolis costumes régionaux, jupes somptueusement brodées, frange de sequins cousue sur le voile, etc. Certaines versions simplifiées de ces costumes forment encore, ici ou ailleurs, la tenue de travail. Le Crétois porte toujours la *vraka*, culotte froncée retenue par des bottes. Et le *vlachos*, le montagnard de la Grèce continentale, se rend en ville chaussé de babouches, coiffé d'un bonnet noir (la *skoufia*) et vêtu d'un pantalon blanc.

L'Athénien, on s'en doute, a un style de vie différent. Il déjeune à 2 heures

Attelages à Komotini.

Berger dans sa houppelande.   **Facteur à Sfakia, en Crète.**

Jeune fille, à Komotini.

Porteuse d'eau à Syra.

de l'après-midi et dîne à 10 heures du soir. Entre-temps, il fait la sieste. C'est le moment que choisissait, autrefois, l'orgue de Barbarie (*laterna* ou *romvia*) pour reprendre, sous des volets fermés qui s'ouvraient soudain avec fracas, la sempiternelle rengaine. Aujourd'hui, c'est la radio qui veille à vous empêcher de dormir, du haut des escaliers de service en colimaçon.

PASSE-TEMPS FAVORI

Le « capitaliste », l'habitant de la capitale, o *protevoussianos*, ne prend pas régulièrement un mois de vacances en été. Les congés payés n'ont jamais cette allure d'exode qui rend Paris si plaisant au mois d'août. Un vent frais, le *meltemi*, allège la chaleur et rend le séjour à Athènes très supportable, pour peu qu'on soit méditerranéen. Ensuite, on peut se baigner chaque jour aux nombreuses plages toutes proches. La saison s'ouvre, d'habitude, à l'Ascension. A défaut de voiture privée — elle demeure, encore, un luxe —, on a le choix entre les « taxis pirates » (collectifs) et les autobus, qui, comme dans

tous les pays pauvres, sont bondés, fréquents, bon marché. Enfin, on a la possibilité d'installer Madame et les enfants sur les hauteurs, aux environs d'Athènes, pour les rejoindre en fin de semaine, ou même chaque soir, si l'on y tient.

Autrement, on passe la soirée dans le cinéma de plein air du quartier, en sirotant une *granita,* un sorbet. D'autres célibataires saisonniers se réunissent pour une partie de cartes, le passe-temps favori. Tous, solitaires ou pas, vont régulièrement dîner à Plaka, au pied de l'Acropole, dans une des nombreuses tavernes de ce vieux quartier, échappé de justesse à la démolition. Ou, encore, au bord de la mer, par exemple au Tourkolimano, à côté du Yachting-Club, où le poisson est *tisoras*, c'est-à-dire pêché dans l'heure qui précède. On va le choisir soi-même, dans la cuisine. Ouf! vous vous asseyez. L'enfant grec vient aussitôt offrir — pour Madame — une botte de jasmin dont chaque fleur est piquée dans une aiguille de pin. Puis, c'est le marchand de palourdes. *Kydonia! Kydonia!* (Le mot signifie, à la fois, la palourde et

le... coing.) Il s'est à peine retiré qu'un autre vient vous proposer du *passatempo* (graines de courge salées), et, surtout, des pistaches : pair ou impair? Vous gagnez le paquet si vous devinez. Une fraction de seconde, il vous laisse entrevoir, sur la table, les pistaches cachées sous sa main. Avec un peu d'entraînement, la configuration aide à deviner juste. Sous une forme plus honnête, transposée sur table, cela rappelle le jeu du *papas* (du pope) joué par terre, avec trois cartes, aux coins des rues, à la sauvette. Il consiste à trouver le *papas*, le roi, parmi trois cartes à peine entrevues. C'est tellement truqué qu'on a fini par l'interdire.

Au petit matin, les vrais noctambules se donnent rendez-vous dans le quartier des Halles, rue Athéna, pour le *patsa*, soupe aux tripes, l'équivalent de la soupe à l'oignon à Paris.

A demain, les tournesols. Il fait partout noir. Ombre laiteuse et parfumée de figuier. Cri de l'oiseau nocturne. Il a, voici un temps immémorial, assassiné son frère et l'appelle depuis toutes les nuits de l'éternité : Ghio — ni... Ghio — ni... Ghio — ni...

A droite,
les costumes
traditionnels
des evzones.
Ci-dessous,
scènes du théâtre
d'ombres ou
Karaghioze.

Les traditions

Il existe maintes façons pour une tradition de survivre dans un pays. Elle peut s'affirmer en des cérémonies spectaculaires, cristallisant autour d'elles la ferveur populaire, telle la corrida en Espagne. Elle peut aussi, de façon moins visible, cheminer dans le cœur de l'homme, se traduire en des gestes, des habitudes, des rites anodins en apparence, mais chargés d'un sens très ancien. Telles sont les traditions grecques : plus secrètes que spectaculaires, mais gardiennes d'un héritage antique qui n'est pas mort pour autant avec le christianisme. Que le voyageur ne s'étonne pas, lorsqu'il visite la Grèce, de n'y trouver à première vue aucune tradition importante; pour les surprendre, il lui faudrait mener la vie des Grecs eux-mêmes ou partir à la découverte de ces régions si peu connues que sont l'Épire, la Thrace, la Macédoine, la Crète, sanctuaires où survivent encore les vestiges d'une histoire et d'une vie que l'on croyait perdues.

LES MIRACLES DU CIEL
ET DE L'EAU

Bonnet noir sur la tête, cheveux ramenés en chignon sur la nuque, longue barbe de patriarche, soutane noire le plus souvent râpée, la silhouette du pope marque de son ombre singulière

le moindre village grec. Dans l'église, les veilleuses brûlent devant l'iconostase, les yeux des saints brillent sur leurs icônes, l'encens se consume devant la grande porte du sanctuaire; ces images et ces parfums sont inséparables de la religion orthodoxe. Dans la pénombre accueillante des chapelles, les

villageois viennent faire leurs dévotions à leurs saints préférés, saints tour à tour familiers et menaçants, mais dont la présence est aussi réelle, pour certains, que celle des humains. Car dans ce pays, où le passé demeure si vivant et la foi si familière et si profonde, la religion, avec ses croyances et ses fêtes, a conservé bien des rites et des légendes que n'eussent pas désavoués les Anciens. En Grèce, le Christ, la Vierge et les saints vivent au milieu des hommes à la façon des anciens dieux.

Ainsi, quiconque a le cœur pur doit, la nuit de Noël, garder les yeux dressés vers le ciel étoilé : à minuit précis, il le verra s'ouvrir en un éclair et il surprendra la musique des anges entonnant les louanges de Jésus. S'il voit et s'il entend ces choses, tous ses vœux seront exaucés. Le lendemain matin, les enfants du village iront de porte en porte en chantant les *calenda*, chants traditionnels de vœux et de prospérité, qu'ils rythmeront sur des triangles en fer et sur des tambourins improvisés.

*Jour de Naissance, première joie du monde, Noël !
En premier naît le Christ et en second naît Eve
En troisième le Paradis avec tous ses parfums,
Il naît et il grandit dans le miel et le lait
Le miel pour les seigneurs
                    et le lait pour les maîtres...*

Mais, juste avant qu'ils paraissent dans les rues, allez puiser de l'eau à la fontaine, à l'aube, et rapportez-en une cruche en vous gardant d'ouvrir la bouche et de prononcer un seul mot; vous « tueriez » aussitôt le pouvoir de cette eau muette, qui, comme la musique des anges, vous permettra de réaliser tous vos vœux.
Au 1er janvier, pour la fête de saint Basile, les enfants chanteront à nouveau les calendes, et les maîtresses de maison, en échange, leur donneront des sucreries, des amandes ou des noix. Qui songerait d'ailleurs à refuser la protection de saint Basile alors qu'à cette époque, pendant les douze jours séparant Noël de l'Epiphanie, les démons, les *Kallikantzari*, viennent en foule sur la terre pour y tourmenter les vivants? Toute l'année, dans les profondeurs de la terre, ils rongent l'arbre qui soutient l'Univers, mais, à l'instant précis de la Nativité, la force de l'Esprit-Saint redonne vigueur à l'arbre et le fait repousser tout entier. Furieux, les démons envahissent la terre pour se venger sur les vivants. C'est pourquoi de nombreux villages organisent aujourd'hui encore des mascarades accompagnées de cris, de pantomimes burlesques, de bruits de toute sorte destinés à terrifier les démons malfaisants.
Le 6 janvier, jour de l'Epiphanie, est tout entier consacré à la mer. On la bénit pour qu'elle soit clémente aux marins, et, à la fin de sa prière, le prêtre y jette une croix pour purifier ses eaux. Aussitôt, les jeunes gens présents (tout au moins les plus intrépides) se jettent à l'eau pour rechercher la croix... La mer grecque n'est-elle pas, comme aux temps anciens, un élément docile obéissant aux volontés des dieux ou des saints? De nos jours, saint Nicolas a remplacé Poséidon dans le cœur des marins et hérité de ses pouvoirs sur les flots; son visage ruisselant d'écume apparaît parfois pendant les tempêtes, au milieu des embruns, à l'heure où le danger menace le marin. Alors, faites un signe de croix, invoquez-le, promettez-lui une veilleuse, une icône ou, dans les cas très graves, une chapelle. Le saint, d'un geste, apaisera les flots ou vous ramènera à bon port. Aussi, dans les îles, ne compte-t-on plus les petites chapelles blanches consacrées à saint Nico-

Bénédiction d'un bateau de pêche.

las ni les ex-voto d'argent à lui dédiés, portant, gravées, des figures de bateaux.

DES MONSTRES FÉERIQUES ET TERRIFIANTS

Les fêtes de Pâques et les multiples cérémonies qui les précèdent — carnaval, carême, semaine sainte, semaine blanche — sont les plus importantes de la Grèce. Le *Christos anesti !* (Christ est ressuscité !) résonne dans toutes les églises du pays le samedi saint à minuit, et des milliers de cierges flamboient soudain, portés par les fidèles. La Grèce n'est plus qu'une immense lumière trouant la nuit, une nuit bruissante de cris de joie, de coups de fusil et de feux d'artifice. Mais bien des fêtes ont précédé ces jours de mort et de résurrection. De nombreux carnavals, à Patras et à Athènes notamment, ont sillonné les rues pendant les semaines précédant le Carême. Le jour du lundi pur (premier lundi ouvrant les sept semaines du Carême), les Athéniens se sont rendus près du temple de Zeus Olympien pour célébrer par des chants et des danses le dernier jour de réjouissance avant les longues semaines de jeûne et d'affliction. Pendant ce temps, sur les collines avoisinant Athènes, les enfants lancent vers le ciel de grands *aetoi* (cerfs-volants), et chacun rivalise d'adresse à qui l'enverra le plus haut et le maintiendra le plus longtemps. Ces cerfs-volants, que chacun fabrique pour son usage et décore de mille dessins, évoquent, avec leur longue échine cou-

verte de papiers multicolores, d'immenses dragons, des monstres mi-féeriques, mi-terrifiants, livrant dans les hauteurs du ciel une lutte sans merci contre des ennemis invisibles...
Dans certains villages de Grèce, les enfants célèbrent parfois, au milieu du Carême, la procession des moineaux; ils vont de maison en maison chanter des chants de vœu et de prospérité, un moineau vivant dans la main. Le sens de cette coutume demeura longtemps mystérieux... jusqu'au jour où l'on retrouva, dans l'œuvre d'un poète grec du IIIe siècle av. J.-C., un chant exactement semblable, appelé le *Chant du moineau !* Ainsi, malgré les bouleversements de l'histoire, une humble tradition a pu survivre vingt-quatre siècles sans changement notable.

LES DANSES DE LA MER ET DU VENT

La semaine sainte est vécue dans les villes et dans les campagnes avec toute l'intensité d'une foi demeurée très vive. La crucifixion du Christ, sa descente au royaume des ombres et sa résurrection ne sont pas des symboles figés, des rites conventionnels, mais les différents moments d'une histoire vécue comme réelle, proche de chaque fidèle, et qui déroule chaque année sous ses yeux ses fastes et ses deuils : à preuve, dans toutes les églises, ces icônes voilées de noir, ces christs peints sur un suaire de soie (que l'on nomme l'*Epitaphion*) offert aux lamentations des fidèles à

Les traditions

partir du jeudi saint, ces fleurs champêtres dont les hommes et les femmes ornent le suaire (les âmes défuntes, selon les croyances paysannes, ne quittent-elles pas l'Hadès pendant la semaine sainte pour venir justement habiter dans ces fleurs?). Mais, à ces jours de deuil intense, où la vie tout entière semble s'être arrêtée, succèdent, dans la nuit du samedi saint, la joie et la flamme de la résurrection. Dans l'église, où tous les cierges sont éteints, l'église plongée un court instant dans le silence et les ténèbres du sépulcre, le prêtre apparaît à minuit précis sur le seuil de la grande porte du sanctuaire, un cierge allumé à la main. Chacun se précipite alors pour prendre à ce cierge la flamme retrouvée. « Christ est ressuscité! s'écrie le prêtre. — En vérité, Il est ressuscité! » répondent les fidèles... Le dimanche de Pâques, les rues, les ruelles, les places, les maisons embaument l'agneau rôti et le vin résiné. La fête continue même jusqu'au lundi et au mardi de la semaine blanche, c'est-à-dire les sept jours suivant Pâques. Le matin du mardi de Pâques, à Mégare, entre Athènes et Corinthe, les femmes ont revêtu leurs costumes traditionnels (foulards blancs frangés de soie d'or sur la tête, casaquins rouges, colliers multicolores) pour danser la *trata*, nommée la « danse du filet » tant les mouvements des danseuses évoquent ceux des pêcheurs retirant leurs filets des flots. Le même jour, à la pointe sud de l'île d'Eubée (un des endroits les plus venteux de Grèce, sur lequel, venant du nord, déferlent les terribles *meltemia*), les

Danses du mardi de Pâques à Mégare.

hommes de Karystos dansent la *boriatiki*, la danse du vent du nord, pour apaiser les colères du ciel et de la mer.

LE GARDIEN DE LA SOURCE SACRÉE

Sur les hauteurs du Parnasse, au village d'Arachova, près de Delphes, se déroulent chaque année, à partir du 23 avril, les fêtes de saint Georges. Saint Georges est l'un des saints les plus populaires de la Grèce; n'a-t-il pas, comme dans les contes de fées de notre enfance, délivré une jeune princesse de l'horrible Dragon s'apprêtant à la dévorer? On peut voir le saint, sur toutes ses icônes, juché sur son grand cheval blanc, pourfendant de sa lance le monstre lové sur son chemin. Le visage du guerrier est empreint de sérénité; nul effort, nulle fatigue ne se lisent dans ses yeux. Il regarde le ciel, d'où le Dieu des combats guide sa main, tandis que la princesse, terrorisée, assiste au loin à ce combat de la Lumière et des Ténèbres. Et tout en regardant le saint et le Dragon, on pense qu'à quelques kilomètres de là, dans le sanctuaire de Delphes, Apollon transperça lui aussi, autrefois, un Dragon terrifiant, gardien des eaux sacrées de Castalie. Est-ce aujourd'hui un pur hasard si les vieux Arachoviens, le premier jour de la fête du saint, entonnent un chant traditionnel dont le refrain est : *Dragon, libère les eaux pour que l'on puisse boire!* L'histoire et la légende doivent-elles recommencer sans cesse? Un dieu païen se cache-t-il toujours sous les traits de

Pâques chez les evzones.

chaque saint chrétien? Saint Georges a continué les exploits d'Apollon, saint Nicolas ceux de Poséidon. Quant à Zeus, le premier des dieux grecs, il a pris aujourd'hui les traits de saint Elie. Comme Zeus, saint Elie commande aux vents, aux orages, aux éclairs. Foudre et tonnerre lui obéissent lorsqu'il entreprend, dans les hauteurs du ciel, de longues chevauchées sur son char à la poursuite des démons. Aussi, chaque 23 juillet, les paysans lui rendent-ils un culte intéressé dans les petites chapelles blanches qui couronnent le sommet des montagnes. Autrefois (surtout en Crète, où ces rites se sont conservés jusqu'au début du siècle), on lui sacrifiait un taureau, dont le sang et les entrailles devaient être enfouis dans la terre. Ce sacrifice était suivi d'un plantureux banquet et, de nos jours encore, bien des chapelles de saint Elie ont conservé la grande table de pierre et les bancs taillés dans le roc pour ces agapes religieuses. Le feu allumé ce jour-là indiquait de façon certaine, selon la forme des fumées, le temps qu'il ferait dans l'année. N'est-ce pas ainsi que les Anciens déterminaient la volonté des dieux en observant les fumées qui montaient des victimes brûlant sur leurs autels?

LE FEU QUI RAFRAÎCHIT

Un jour, la Vierge apparut en rêve à l'un des habitants de l'île de Tinos, dans les Cyclades : « Va dans ton champ et creuse à tel endroit, lui dit-elle. Tu y trouveras mon icône. » L'homme alla dans son champ, creusa, trouva l'icône. Cela se passait en 1822. Depuis, on a construit, pour abriter l'image miraculeuse, une grande église consacrée à la Vierge Evanghelistria (l'Annonciatrice). Des milliers de pèlerins venus de tous les coins de Grèce attendent d'elle, chaque année, pour la fête de la Dormition, le 15 août, la guérison de leurs infirmités ou la réalisation de leurs vœux. Malades et paralytiques se couchent en travers du chemin sur le trajet suivi par l'icône, quand les prêtres la portent autour de la ville, entourés de pénitents, marchant pieds nus, parfois même à genoux, dans l'espoir d'un miracle... Tinos, chaque 15 août, devient un nouvel Epidaure.

Mais la plus singulière des fêtes grecques a lieu chaque année le 21 mai, pour la Sainte-Hélène et la Saint-Constantin, dans les villages de Kosti et d'Haghia Héléna en Thrace, et dans celui de Langhada en Macédoine. Le 21 mai et tous les jours suivants, certains hommes, appelés les *nesténaridès,* prennent en main les icônes des deux saints et dansent sur les braises ardentes d'un foyer allumé sur la place du village. Ces danses étranges, ou *anasténaria,* sont menées au son d'une musique comprenant un grand tambour, une *lyra* (rebec à trois cordes, dont on joue

dans toute la Grèce), une flûte et une *gaïda* (sorte de cornemuse), devant les villageois assemblés. Certains d'entre eux, pris de transes ou « appelés par les icônes », selon leurs dires, se mettent à danser sur le feu et deviennent à leur tour des *nesténaridès.* La danse n'est d'ailleurs qu'une partie des cérémonies célébrées en l'honneur des saints, qui comprennent un pèlerinage aux *hagiasmata,* aux fontaines sacrées, et le sacrifice d'un taureau que l'on a paré de fleurs pour la circonstance « comme une jeune épousée ». Tous les examens auxquels on a pu se livrer sur les danseurs

Scènes
de mariages
en Crète.

Ci-contre :
danses
des hommes,
qui portent
le turban noir,
le poignard
à la ceinture
et les bottes.

Ci-dessous :
les cortèges
des époux.

Danse du feu.

après leur passage sur le feu n'ont révélé aucune trace de brûlure. « Sainte Hélène, disent-ils, marche devant nous quand on danse et elle répand de l'eau sur les charbons ardents. Le feu nous rafraîchit au lieu de nous brûler... »

CHANTS ET DANSES

La vie quotidienne et profane est, elle aussi, empreinte de traditions, traditions moins rigides que celles qui président aux cérémonies religieuses, mais, par là même, plus sujettes aux bouleversements apportés par le monde moderne. Les chants et les danses, par exemple, qui, dans le moindre village grec, ont toujours accompagné les événements de la vie quotidienne (fiançailles, enterrements, mariages, anniversaires), ont connu au cours des dernières décennies des fortunes diverses. Certains ont totalement disparu, d'autres subsistent, au contraire, dans toute leur fraîcheur. D'autres encore ne se sont maintenus que grâce aux efforts de quelques fidèles ou de quelques fervents. La troupe des ballets folkloriques de Dora Stratou — pour ne citer que cet exemple — est parvenue à reconstituer avec talent des danses que, sans elle, nous ne verrions plus de nos jours, telles la *pyrrhique,* danse de combattants, lente et lourde, qu'on dansait encore en Epire à la fin du siècle dernier, ou les *danses du Pont-Euxin,* pratiquées par les Grecs installés en Turquie sur la côte de la mer Noire, et qui n'ont pas survécu à l'échange des populations de 1922 entre la Grèce et la Turquie. Il en est de même pour les instruments de musique, dont beaucoup ne trouvent plus aujourd'hui de musiciens capables d'en jouer. Si nombre de paysans jouent encore du rebec, ou *lyra* (sorte de viole à trois cordes nécessitant l'archet, et qu'on utilise la pointe posée sur le genou ou même que l'on tient simplement à la main, sans support), du *lagouto* (grosse mandoline servant surtout d'accompagnement), du *clarino* (hautbois présent dans toutes les danses populaires), de la *floyéra,* ou flûte (instrument préféré des bergers, dont les trilles résonnent dans les lourds après-midi d'été), rares sont ceux qui savent encore se servir d'un *santouri* (cithare dont on joue à plat avec un maillet), du *baglama* (petit instrument assez proche du balalaïka), dont jouaient autrefois les montagnards du Nord, du *tambourah* (luth en usage en Crète jusqu'à la fin du siècle dernier), de la *lyra pontiaki,* ou lyre du Pont (rebec de forme allongée ressemblant à l'épinette des Vosges, assez léger pour que le musicien puisse s'en servir en marchant, en tournant, en courant autour des danseurs) !

« PLEURE, Ô MON DOUX CYPRÈS! »

Il n'en est pas de même, heureusement, des chants qui accompagnent si souvent en Grèce les fêtes et les réjouissances. Il n'est pas rare aujourd'hui encore, en province et surtout dans le Nord et en Crète, dans ces tavernes où les hommes se réunissent le soir après leur travail jusqu'à une heure tardive autour des *cocoretsia* (brochettes d'abats) et du vin résiné, d'entendre quelque consommateur, doublement inspiré par le vin et la nostalgie du passé, entonner un *klephtiko,* un de ces chants attribués aux klephtes, ou partisans, qui, pendant la guerre d'Indépendance et même avant, peuplaient les montagnes du Pinde et de l'Olympe, et harcelaient les Turcs. Ces chants héroïques et naïfs sont parmi les plus beaux qu'ait conçus le génie populaire grec. Ils se chantent seuls ou en s'accompagnant de la lyra, et célèbrent les hauts faits des partisans en lutte contre les Turcs. Tout un univers aujourd'hui disparu transparaît dans ces airs : la vie libre des brigands et des partisans sur leurs montagnes, avec pour seule compagnie les fauves et les aigles, l'exaltation de l'honneur, de l'héroïsme des combats à un contre cent, la noblesse et l'étrange attrait exercé par la mort :

> Qu'avez-vous tous mes compagnons
> A vous sentir le cœur si lourd ?
> Vous ne mangez plus rien,
> Vous ne buvez plus rien,
> Votre visage est pareil à la nuit,
> Et pourtant la mort déjà s'approche
> Pour nous prendre et nous entraîner
> Et faire son choix parmi les hommes,
> Parmi les meilleurs d'entre nous,
> Les soldats postés aux murailles...

Car, pour le paysan, le soldat, le marin, pour le Grec encore imprégné de traditions vivantes, la mort est un Etre personnalisé, c'est Charos qui rôde partout, sur les montagnes et dans les plaines où les Grecs combattent les Turcs. Si présent, si réel qu'on peut Lui parler, Lui résister, tenter de s'opposer à son terrible envoûtement...

> Ecoutez ce qu'ont annoncé
> Les vaillants soldats de l'Hadès !
> Pour chacun d'eux, il faut des armes,
> Il faut du plomb et de la poudre
> Pour faire la guerre contre Charos.
> Car personne ne veut plus le voir
> Faire son choix parmi les hommes,
> Ravir les meilleurs de nous tous,
> Les soldats postés aux murailles...

Cette présence angoissante de la mort, si sensible déjà dans ces chants hé-

Séance d'habillage pour la danse du Boula, à Naoussa (île de Paros).

roïques, est plus bouleversante encore dans les *mirologoi*, ou lamentations funèbres que les pleureuses improvisent toujours en certaines régions. Il faut parfois aller très loin pour les entendre, mais ces chants plongent leurs racines dans le passé immémorial de la Grèce. (L'étymologie de *mirologos* est d'ailleurs incertaine ; ce nom signifierait « chant du destin » selon les uns, « chant de la myrrhe » selon les autres.) Ils n'ont pris à l'occupant turc qu'un certain mode d'expression musicale, car les paroles — qu'elles soient improvisées ou traditionnelles — expriment à merveille les images et les symboles chers à la sensibilité grecque. Accompagnés par la lyra ou par le clarino, ou simplement chantés — disons plutôt « lamentés » —, ils peuvent se prolonger des heures durant. Ils sont interprétés uniquement par les femmes, cheveux défaits, se frappant la poitrine. Elles se relaient en improvisant ou en répétant tour à tour les louanges du défunt, la détresse de ceux qui restent, le terrifiant mystère du monde de l'Hadès.

> Mon maître, ô mon grand cyprès,
> O mon toit plus grand que le ciel,
> Tu es parti pour le monde d'en bas,
> Tu as laissé ta mère
> Dans les pleurs et le deuil...

chante une femme sur le corps d'un jeune combattant mort à la guerre. Une autre lui répond :

> Dehors, on selle le cheval ;
> Dehors, on ferre le cheval ;
> Il a des sabots d'or
> Et des rênes d'argent,
> Et, sur sa selle enluminée,
> Le cavalier s'en va monter
> Et partir en lointains pays
> Vers les montagnes de l'oubli...

Et la troisième crie et gémit :

> Comme pleurent les nuages
>   lorsque la pluie couvre le ciel,
> Ainsi pleurent mes yeux
> dès qu'ils te voient et te contemplent.
> Sur la route où je marche, je reconnais tes traces,
> Sur elles je me penche et les remplis de larmes.

LE MÊME RYTHME LENT

La joie a aussi ses chants. Quiconque a pu assister en Grèce à un mariage ou à ces fêtes collectives qu'on appelle *panigyria* sait que la joie la plus simple et la plus spontanée ne se conçoit pas sans poésie, sans musique ni sans danse. Et dans toutes les campagnes, qui ne sait danser le *syrto*, la plus populaire des danses grecques, la plus ancienne aussi, puisqu'on l'a retrouvée mentionnée sur des inscriptions d'avant Jésus-Christ ? Sorte de farandole dansée par les femmes (on la pratiquait même dans

les églises en certaines occasions, à l'époque byzantine), elle consiste en un rythme et en des figures très simples, se développant comme une ronde. Les pas sont presque partout les mêmes, sauf pour certaines variantes comme le *syrtos nisioticos*, ou syrtos des îles, et le *syrtos chanioticos*, originaire de Crète. Le *kalamatianos* était à l'origine un syrtos originaire de la province de Kala-

Danse du Boula. La zorna ou clarinette.

mata, dans le Péloponnèse, mais qui s'enrichit de figures improvisées par le meneur.

Il est encore possible, dans les campagnes et dans les villes, de voir deux danses anciennes, mais d'origine très différente. Le *tsamikos* est une danse qui accompagnait autrefois les *klephtika*, ces chants de montagnards partisans dont nous avons déjà parlé. Il se danse toujours aujourd'hui, soutenu par un lagouto, un lyra et un clarino, conduit par un meneur qui improvise, lui aussi, s'accroupit, bondit, s'apaise tour à tour. Le *hassapiko* était une danse interprétée en Grèce au Moyen Age par les bouchers de Byzance (d'où son nom qui vient de *hassapis*, boucher). Lent et noble, il est interprété par trois danseurs se tenant aux épaules et possède des pas traditionnels (qui n'ont rien à voir, bien entendu, avec le syrtaki aujourd'hui à la mode, danse bâtarde, dont le nom d'ailleurs signifie tout simplement « petit syrtos »). Mais il en existe des variantes infinies. Personnellement, j'ai vu danser plus de vingt hassapika différents, chacun avec ses pas et ses figures. Mais tous conservent le même rythme lent, les mêmes mouvements précis et étudiés qui donnent à cette danse l'allure d'une

méditation profonde, presque insondable... Je ne mentionne ici que pour mémoire le *zébékiko*, danse individuelle interprétée au son des *bouzoukia* ; ses pas, ses figures, ses improvisations, sa solitude aussi, la nostalgie des chants qui l'inspirent, tout cela fait partie de la vie quotidienne de la Grèce, dans ce qu'elle offre de plus personnel et de plus sincère, une vie quotidienne faite de création plus que de tradition.

SPECTACLES D'OMBRES ET DE LUMIÈRES

Les Grecs anciens ont inventé la tragédie, la comédie et le drame satirique. Eschyle, Sophocle, Euripide et Aristophane ont ajouté chacun leur pierre à l'édifice de ce théâtre qui, avant eux, n'était encore que récitations lyriques et statiques, sans action, sans acteurs. Vu à deux mille cinq cents ans de distance, le Ve siècle av. J.-C. apparaît comme un moment exceptionnel de l'histoire. Avant lui, après lui, rien ne ressemblera à cette période inouïe où, en l'espace de deux générations, les spectateurs purent assister aux *Perses* et à l'*Orestie* d'Eschyle, à l'*Antigone* et à l'*Œdipe roi* de Sophocle, à l'*Alceste*, aux *Troyennes* et à l'*Hécube* d'Euripide. A la mort de Sophocle, qui coïncide exactement avec la fin du Ve siècle, le théâtre grec perdra sa créativité, s'éteindra peu à peu, sombrera dans l'oubli. Jusqu'à quand ? On peut dire, sans forcer l'histoire, jusqu'au début de notre siècle. Pendant deux mille ans, on ne jouera plus en Grèce de tragédies antiques. Et les timides essais qui furent entrepris à Athènes au début du siècle n'aboutirent

Danse du Boula. Les musiciens.

Les traditions

Danse crétoise.

pas aux résultats espérés. Leurs promoteurs ayant traduit les textes anciens en langue grecque démotique (populaire) pour les rendre accessibles au public, certains spectateurs crièrent au sacrilège, envahirent le plateau et interrompirent les acteurs! La Grèce, alors, vivait avec fièvre la querelle des deux langues, la langue pure (ou *katharévousa*) et la langue démotique (parlée par tout le monde), sans que l'on sache encore laquelle des deux deviendrait la langue officielle du pays. La traduction d'Eschyle et de Sophocle en langue démotique fut la goutte d'eau qui fit déborder le vase, au point qu'on se battit après les représentations jusque dans les rues pendant trois jours consécutifs! Le climat ne se prêtait donc guère aux essais de représentations antiques. Il fallut attendre 1927 pour voir jouée, à Delphes, sous l'impulsion du poète Sikélianos, la tragédie du *Prométhée enchaîné* sans que cela déchaîne une guerre civile. Mais là encore cette entreprise, bien qu'approuvée par tous, n'éveilla pas d'échos profonds. Le silence recouvrit Delphes et son théâtre jusqu'aux lendemains de la Seconde Guerre mondiale, quand le Théâtre national d'Athènes organisa en 1949 les premières représentations en plein air. Aujourd'hui, sur la scène du théâtre d'Hérode Atticus, à Athènes, sur celle d'Epidaure, près de Nauplie, sur celles de Delphes, de Dodone, en Epire, et de Philippe, en Macédoine, le visiteur peut assister à des représentations antiques de qualité. Il faut savoir gré à son principal animateur, l'acteur et metteur en scène Alexis Minotis, de n'avoir pas cherché à reconstituer de façon arbitraire les spectacles antiques, mais d'avoir su adapter les œuvres anciennes aux conditions et à l'esprit de notre temps. Il a conservé l'indispensable chœur — personnage lyrique et dramatique à la fois, Voix exemplaire et Témoin vivant des bonheurs et des malheurs humains —, tout en refusant l'emploi des masques, qui exigeraient de l'acteur moderne un jeu auquel il n'est nullement formé. Quiconque a pu assister, dans la paix et la magie du soir, à des représentations d'*Antigone*, d'*Hécube*, d'*Œdipe roi* ou d'*Iphigénie à Aulis* au grand théâtre d'Epidaure aura certainement ressenti la justesse de ces choix. Perpétuer une tradition, c'est justement pouvoir ou savoir la recréer telle que ses promoteurs l'auraient faite aujourd'hui. Une fidélité excessive eût été trahison. Une audace excessive aussi. Entre ces voies extrêmes, le souvenir et l'émotion des temps anciens cheminent avec bonheur dans un décor qui, lui, n'a guère changé depuis ses origines. Le paysage, dont les pins se profilent jusqu'à l'horizon, la présence du ciel infini, les senteurs de résine, le brouhaha vivant d'un public qui sait être à la fois très attentif et disponible à la beauté du lieu, tout cela est justement ce qu'une tradition peut offrir de plus juste et de plus probant. Et les touristes eux-mêmes, en se rendant à ces spectacles, ne font rien d'autre que perpétuer (parfois sans le savoir) les traditions antiques, quand les foules venaient de tous les coins du monde méditerranéen pour assister aux cérémonies d'Athènes et d'Epidaure.

CE SOIR, « ALEXANDRE ET LE SERPENT MAUDIT »

A l'opposé des tragédies antiques, il existe en Grèce d'autres spectacles de plein air, mais aux ambitions plus modestes. Ce sont ceux du théâtre d'ombres, ou *karaghioze*. L'origine de ce théâtre est complexe, car il n'a cessé d'évoluer au cours des âges. Il a connu son heure de gloire dans la Turquie du XIXe siècle (Gérard de Nerval a pu le voir à Istanbul en 1850), et son personnage central, Karaghioze (nom qui signifie « à l'œil noir »), est bien d'origine turque. Mais, dès son introduction en Grèce, où il connut un grand succès, surtout en Thrace et en Epire, les « montreurs d'ombres » grecs l'adaptèrent si bien à l'esprit, à la vie et à l'histoire de leur pays qu'on peut aujourd'hui le considérer comme une recréation originale des Grecs. De son pays d'origine, il a conservé un certain nombre de personnages traditionnels — outre le principal, Hatzi-avati —, Frink ou Frangos (le Franc, c'est-à-dire l'Européen), Arvanitis (l'Albanais), Bébérouis, etc., ainsi que quelques situations et thèmes conventionnels. Beaucoup des aventures de Karaghioze se déroulent toujours dans un univers de sérails, de femmes voilées, de janissaires, de beys et de pachas. Mais bien d'autres — la majorité à vrai dire — ont pour sujet des épisodes de la légende ou de l'histoire grecques.

Qui ne s'est pas assis, un soir, juste après la tombée de la nuit, dans le petit théâtre d'ombres que possède le montreur Spatharis à Maroussi, dans la banlieue d'Athènes, manque une des plus passionnantes soirées que peut offrir la Grèce. Dans la cour, enfants et adultes s'impatientent et s'agitent sur les bancs. Derrière le grand écran masquant le fond de la cour, on entend le montreur et son aide préparer ses marionnettes, répéter les scènes les plus drôles. Ces marionnettes sont taillées dans du carton qu'on évide au ciseau et dont les « blancs » sont décorés de papiers colorés, à la façon de vitraux rudimentaires. Une technique plus ancienne consistait à découper les silhouettes dans du cuir de chameau qu'on laissait tremper dans l'huile plusieurs semaines avant de le peinturlurer. On peut en voir encore, d'ailleurs, parmi les personnages de Spatharis. Plus pâles que les autres, mais colorés avec plus de nuances et de finesse, ils sont de véritables petits chefs-d'œuvre de découpage et de peinture. Les uns comme les autres sont articulés aux jambes, aux bras, à la tête et au tronc, et fixés à des baguettes que le montreur manie derrière l'écran illuminé. Plaquées contre la toile, les silhouettes sont nettes et présentes. Légèrement écartées, elles deviennent floues en partie ou en totalité, et simulent à merveille la marche, l'éloignement, tous les mouvements désirables. Un monde féerique défile alors

A gauche et ci-dessus : cérémonie de la Saint-Spiridon, à Corfou.

Ci-dessous : danse de Pâques à Mégare.

sur cet écran, un monde imaginé, recréé en grande partie par le talent et les initiatives du montreur. A part les quelques scénarios et textes transmis par la tradition — Karaghioze au sérail, Karaghioze au tribunal, Karaghioze secrétaire, etc. —, les apports des différents karaghiozistes ont, depuis cinquante ans, ajouté une foule de thèmes, de sujets, de légendes qui sont parmi les créations les plus originales de l'esprit grec. Beaucoup de ces sujets sont empruntés aux épisodes de la guerre d'Indépendance contre les Turcs : Caraiskakis, Athanase Diakos, Catsandouis, Colocotronis; tous les grands héros de l'Indépendance figurent sur l'écran avec leurs attributs traditionnels, qui un grand casque, qui une épée, qui un cheval. Mais les légendes et les héros millénaires de la Grèce ont aussi inspiré les montreurs. Alexandre le Grand, Persée, Ulysse, Diogène, le Serpent (c'est-à-dire le Dragon qui défend les sources et dévore les jolies princesses), la Sirène, qui charme Ulysse et questionne Alexandre, vivent des aventures burlesques ou merveilleuses. Parmi les morceaux de bravoure les plus appréciés du public figurent le Combat d'Alexandre et du Serpent maudit, Persée délivrant Andromède, Alexandre et la Sirène. A cela, il faut ajouter les silhouettes surgies de la vie quotidienne de la Grèce des villes et des campagnes, tels Barba Yorgos (le Père Georges), Sior Dionysos, le dandy Mor-

phonios, Béli Gékas, etc. Au milieu de ce monde merveilleux et simpliste (mais la véritable création ne consiste-t-elle pas à faire descendre les merveilles au cœur de la réalité quotidienne?), Karaghioze promène sa silhouette allègre et joviale, son humour, ses reparties, ses pitreries, ses facéties, qui lui permettent de se tirer toujours des mauvais pas. Il

est, dans ce monde d'ombres imaginaires où coexistent Alexandre le Grand et Ali Pacha, Ulysse et Barba Yorgos, l'incarnation de la ruse, de l'intelligence, de la vie et du génie grecs, celui qui sait consoler les pauvres de ne pas être riches et les riches de ne pas être pauvres. Un étrange mélange d'Ulysse et de Charlot.

L'art

Les courtisanes. Fresque du palais de Cnossos, Crète. XVIIᵉ s. av. J.-C.

C'est depuis moins d'un siècle qu'on a connaissance des lointaines civilisations grecques qui fleurirent dans le second millénaire avant notre ère. Leur découverte est due à deux illustres archéologues : l'Allemand Heinrich Schliemann, découvreur de Mycènes, et l'Anglais Arthur Evans, qui révéla, par ses fouilles de Cnossos, la civilisation crétoise.

Chronologiquement, la priorité revient à la Crète, l'île aux cent villes, que devait chanter Homère, où s'épanouit cette civilisation qu'on appelle souvent « minoenne », du nom du légendaire roi Minos. Elle atteignit son apogée sensiblement entre 1700 et 1400, et fut si brillante et si raffinée qu'on a pu comparer ce XVIIIᵉ siècle crétois d'avant Jésus-Christ au XVIIIᵉ siècle européen de notre ère. L'imagerie a popularisé le palais de Cnossos, un peu trop reconstruit

Début du IIIᵉ millénaire	*Les idoles cycladiques.*	**Vers 650**	*La « Dame d'Auxerre ».*
1700-1400	*Apogée de la civilisation crétoise, dite aussi minoenne. Le palais de Cnossos.*	**Vers 600**	*Fondation de Marseille par les Phocéens.*
Vers 1400	*Apogée de la civilisation mycénienne.*	**VIᵉ siècle**	*La statuaire du type « Couros » et « Coré ». Apogée des céramiques à figures noires et apparition des céramiques à figures rouges.*
Vers 1200	*Effondrement de la civilisation mycénienne*	**558**	*Mort de Solon, législateur d'Athènes.*
XIIIᵉ siècle (?)	*Guerre légendaire de Troie.*	**Vers 500**	*Fin de la période dite archaïque. Naissance de Phidias.*
Vers 1200	*Premières colonisations grecques en Asie Mineure.*	**Début du Vᵉ siècle**	*Trésor des Athéniens à Delphes. Le temple d'Égine.*
776	*Première Olympiade.*	**490**	*Première guerre médique. Victoire des Athéniens sur les Perses, à Marathon.*
Vers 750 - 700	*L'Iliade et l'Odyssée.*	**480**	*Seconde guerre médique. Les Thermopyles. Victoire de Salamine.*
VIIᵉ siècle	*Les premiers temples. La grande statuaire.*	**472**	*Les Perses, d'Eschyle.*

A gauche :
la « Dame d'Auxerre ».
VIIᵉ s. av. J.-C. Louvre.

Ci-dessus :
tête du cavalier Rampin.
VIᵉ s. av. J.-C. Louvre.

Cruche à décor linéaire.
Musée d'Héracléion.

Les dates du tableau ci-dessous s'entendent avant Jésus-Christ. Les événements touchant à l'art figurent en italique.

Vers 470	*L'Aurige de Delphes.*		**379**	Thèbes contre Sparte. Hégémonie thébaine.
459 - 429	Périclès chef du gouvernement athénien. Puissance maritime et coloniale d'Athènes. Le « siècle de Périclès ».		**Après 366**	*Reconstruction du temple d'Apollon à Delphes.*
456	Mort d'Eschyle.		**Milieu du IVᵉ siècle**	*Le théâtre d'Épidaure. Le mausolée d'Halicarnasse. Les grandes œuvres de Praxitèle.*
Vers 450	Naissance d'Aristophane.		**359**	Philippe II roi de Macédoine. Guerre contre Athènes.
Seconde moitié du Vᵉ siècle	*Construction du Parthénon, des Propylées, de l'Erechthéion.*		**347**	Mort de Platon.
Vers 431	*Mort de Phidias, ordonnateur de l'Acropole et sculpteur du Parthénon.*		**336**	Avènement d'Alexandre le Grand. Début de la période dite hellénistique.
431 - 404	Guerre du Péloponnèse entre Athènes et Sparte. Fin des espérances d'hégémonie des Athéniens.		**Seconde moitié du IVᵉ siècle**	*Fin de la céramique figurée peinte.*
399	Mort de Socrate		**146**	Prise de Corinthe. La Grèce soumise aux Romains.
384	Naissance de Démosthène et d'Aristote.		**86**	Athènes mise à sac par Sylla.

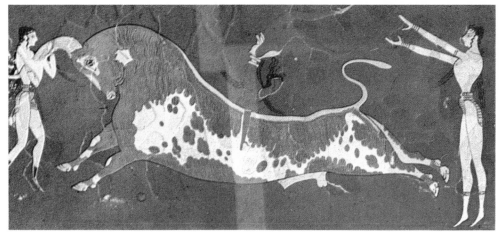

Scène de tauromachie. Palais de Cnossos. XVᵉ s. av. J.-C.

Masque en or mycénien.
XVᵉ s. av. J.-C. Mycènes.

Frise du trésor de Siphnos.
Vᵉ s. av. J.-C. Musée de Delphes.

Ci-dessus : Singe bleu. XVIIᵉ s. av. J.-C. Palais de Cnossos.

A gauche : tête de l'Aurige de Delphes. Vᵉ s. av. J.-C. Musée de Delphes.

sans doute, et les fresques qui y furent mises au jour : le piquant visage de femme qu'Evans appela d'emblée la « Parisienne », « les Dames bleues », « le Prince aux fleurs de lis » — charmante galerie qui est aujourd'hui figée au musée d'Héracléion.

APRÈS CNOSSOS, MYCÈNES

Empruntant beaucoup à cette civilisation crétoise, succédant aux fastes aimables du palais de Cnossos, la civilisation mycénienne, éclose dans le Péloponnèse, atteignit son apogée vers 1400 av. J.-C. La découverte de Mycènes par Schliemann est une des grandes pages du roman de l'archéologie. C'est après avoir cherché, Homère en main, le site de Troie et l'avoir retrouvé qu'il vint à Mycènes en 1876

A droite : l'Apollon de Piombino (détail). Vers 500 av. J.-C. Louvre.

L'art

dans l'espoir d'y retrouver le tombeau d'Agamemnon. Il ne le découvrit pas, mais révéla dans sa prodigieuse splendeur cette civilisation mycénienne qu'on ne soupçonnait même pas.

Rien n'est plus impressionnant que cette admirable acropole de Mycènes, où l'on évoque Agamemnon et son épouse Clytemnestre en faisant le tour des murailles cyclopéennes, en franchissant la porte des Lionnes, qui est comme le prélude de la sculpture monumentale en Grèce, ou en s'attardant dans le clair-obscur de la plus extraordinaire des tombes, connue sous les noms impropres de « trésor d'Atrée » ou de « tombeau d'Agamemnon ». Pour compléter cette vision, il faut visiter la grande salle du Musée national d'Athènes, où sont présentés les matériels découverts à Mycènes. L'or y domine, merveilleusement ouvragé en masques, parures et bijoux, coupes et vases, ceintures, baudriers et épées.

Cette civilisation mycénienne apparaissait, jusqu'à une date toute récente, comme un phénomène bien à part, avec lequel la civilisation grecque qui allait s'affirmer au millénaire suivant n'avait point de rapport. Voici qu'en 1953 deux Anglais, Michaël Ventris et John Chadwick, bouleversèrent cette opinion. Ils réussirent, en effet, à déchiffrer une écriture mystérieuse portée sur de nombreuses tablettes mycéniennes et à laquelle on donnait le nom de « linéaire B ». La conclusion était formelle : les Mycéniens étaient bel et bien des Grecs. Dès lors, la civilisation grecque gagnait quelques siècles d'ancienneté. On la faisait commencer au VIIIᵉ; on devait désormais la faire remonter au XVᵉ.

Cette civilisation mycénienne si pleine de vie et de force créatrice s'est un jour écroulée en ouvrant un vide de plusieurs siècles. Les causes de cet effondrement? On a invoqué les invasions doriennes, venues du nord à partir de 1100, qui furent très dévastatrices. Il y eut cependant d'autres raisons. A la même époque, l'Empire hittite s'écroulait lui aussi, tout comme l'Egypte se repliait sur son Nil. La Grèce, qui respirait par la mer, qui s'enrichissait par les relations internationales, ne devait reprendre ses forces que lorsqu'elle s'assura la possession de vastes territoires extérieurs.

Ci-contre : couros du musée de Rhodes.
A droite : loutrophore proto-attique.
Louvre.

Quadrige d'Apollon. VIᵉ s. av. J.-C. Musée de Palerme.

Coré d'Euthydicos. VIᵉ s. av. J.-C. Musée de l'Acropole. Athènes.

Sphinx ailé. VIᵉ s. av. J.-C.
Musée de l'Acropole. Athènes.

Ci-dessus : le moscophore. VIᵉ s. av.
J.-C. Musée de l'Acropole. Athènes.

A gauche : cratère corinthien. Louvre.

Ci-contre : buste de Léonidas Iᵉʳ.
Musée de Sparte.

113

L'art

LES TEMPLES, DEMEURES DES DIEUX

Le souvenir de la grande période mycénienne ne s'était cependant pas effacé, comme le prouvent les évocations de l'épopée homérique. Quoi qu'il en soit, l'hiatus fut profond. Pour l'art, il n'y aura pas un renouveau, mais un véritable recommencement, s'affirmant et progressant pendant la période dite « archaïque », qui porte sur deux siècles et demi, d'environ 750 à 500. C'est alors que nous voyons apparaître les temples et la grande statuaire.

Les temples grecs : qui n'en a l'image fixée dans les yeux? Et n'est-elle pas simple à conserver? Elle paraît, à première vue, stéréotypée et même conventionnelle. Le schéma est, en vérité, d'une grande simplicité, au moins apparente : un bâtiment fermé, le *naos* (la *cella* romaine), précédé d'un vestibule, le *pronaos*, et entouré d'une colonnade. Le couronnement est assuré par un toit à double pente, ménageant un fronton sur les deux faces. Le naos constitue une sorte de tabernacle où ne pénètre pas la masse des croyants, qui ont seulement accès au péristyle extérieur.

Bien sûr, de ce modèle type il existe des variantes. Les façades peuvent comprendre de quatre à douze colonnes (elles sont huit au Parthénon). La colonnade peut ne régner que sur une partie du bâtiment, tout comme elle peut être simple ou double. Puis, il y a les différences dues à l'emploi de deux ordres d'architecture : l'ordre dorique, où la colonne est plus ramassée

**Zeus d'Histiéa. Ve s. av. J.-C.
Musée national d'Athènes.**

et sans base, et le chapiteau réduit à une mouluration; et l'ordre ionique, à la colonne plus élancée, posée sur une base, et au chapiteau orné de volutes. On pourrait ajouter l'ordre corinthien, qui s'épanouira dans l'architecture romaine, mais qui ne diffère guère de l'ionique que par son chapiteau, décoré de feuilles d'acanthe. Parfois, les colonnes sont remplacées par des caryatides, comme l'Erechteion de l'Acropole nous en offre un si bel exemple. Mais n'entreprenons pas ici un cours d'architecture, qui est l'A. B. C. des étudiants des beaux-arts...

Quelle que soit leur apparente uniformité, les temples grecs ne provoquent en nous aucune lassitude. Renan s'extasiait devant ces architectures et soulignait : « Quand les créateurs de cet art merveilleux eurent réalisé le parfait, ils n'y changèrent plus rien. Voilà le miracle que les Grecs seuls ont pu faire : trouver l'idéal et, une fois qu'on l'a trouvé, s'y tenir. » De telles constructions satisfont à la fois la vue et l'esprit. La sévérité qui n'exclut pas la grâce, la pureté des lignes, la rigueur des proportions, les jeux des ombres et des lumières au soleil de l'Hellade : tout y concourt.

ILS ÉCLATAIENT DE COULEURS

A regarder de près, on constate que, dans des limites d'un modèle général, les architectes grecs ont poussé très loin la perfection formelle. La netteté des contours, la qualité des tailles, la stricte correspondance des pierres ont permis, en de nombreux cas, de reconstituer sans hésitation des monuments dont les fragments étaient épars. Si on procède à une autopsie des constructions, on décèle les étonnantes subtilités dont les maîtres d'œuvre ont fait preuve. Ils sont allés jusqu'à corriger par d'habiles artifices certaines illusions d'optique qui pouvaient corrompre l'élan des lignes. De trop longues horizontales donnaient-elles une apparence d'inflexion? Ils y remédiaient par une légère convexité compensatrice dans le sens de la hauteur. Cette solution fut adoptée au Parthénon et aux Propylées. Une autre pratique courante était le renflement à peine perceptible des colonnes pour remédier à l'illusion d'un étranglement à mi-hauteur.

Cependant, ne nous y trompons pas : ce qui, souvent, nous attire dans ces architectures mortes de la vieille Grèce,

ce sont de fausses images, très séduisantes, mais peu conformes à la réalité de jadis. Nous nous complaisons dans ces tableaux à la Hubert Robert, aux ruines romantiques surgissant parmi les oliviers noueux et les asphodèles, sur la toile de fond de grands décors méditerranéens. Nous aimons la patine des calcaires avec lesquels les monuments furent élevés : ils ont pris des teintes ocrées et blondes, et leur grain rugueux semble vibrer dans une lumière généreusement dispensée. Tous ces édifices nous donneraient-ils de telles satisfactions si, par une sorte de miracle, nous étions appelés à les voir à l'état neuf? Certes, il y avait en certains endroits — frontons et entablements — de nobles sculptures, mais les reliefs architecturaux, avec leurs palmettes et leurs grecques, nous paraîtraient conventionnels et monotones. Et n'oublions pas que tous ces monuments éclataient de couleurs. Les Grecs en badigeonnaient les surfaces, en soulignaient les ornements, en enluminaient les reliefs. Ils procédaient par teintes plates, franches et vivement contrastées, donnant la préférence au bleu, au rouge, au jaune, allant jusqu'aux filets d'or.

Dans notre goût actuel pour l'architecture dépouillée, cette seule évocation des édifices ainsi soumis à la polychromie nous déconcerte et crée en nous une impression de malaise. Et, cependant, les maîtres d'œuvre hellènes avaient leur justification : une de leurs raisons était, dans un souci d'harmonie, d'éviter les violentes oppositions entre la blancheur des pierres et les teintes vives des ciels et des terres de l'Hellade. Et quand nous portons sur ce problème un jugement réservé, oublierions-nous que notre Moyen Age a lui-même volontiers pratiqué les grandes surfaces peintes, coloriant même les portails des cathédrales?

« ANIMÉS D'UN SOUFFLE INCORRUPTIBLE »

Malheureusement, les temples conservés en Grèce même sont relativement peu nombreux. Est-il besoin d'évoquer ceux qui couronnent l'Acropole d'Athènes, cette forteresse naturelle où, sur un plateau de trois hectares, est groupé le plus extraordinaire ensemble architectural de la Grèce antique, au premier chef, le Parthénon, temple à la gloire d'Athéna, dont Plutarque disait qu'il était animé « d'un souffle vivant et incorruptible, d'une âme inaccessible à la vieillesse ». Il fallait bien qu'il en fût ainsi, car, transformé en poudrière, il sauta en 1687. On imagine difficilement,

Ci-dessus : Lécythe à fond blanc. École du peintre d'Achille. Museum of Fine Arts. Boston.

En haut, à droite : détail du fronton ouest du temple de Zeus. Vᵉ s. av. J.-C. Musée d'Olympie.

En haut, à gauche : Athéna, détail d'une métope d'Olympie. Vᵉ s. av. J.-C. Louvre

Ci-contre : victoire détachant sa sandale. Fin du Vᵉ s. av. J.-C. Musée de l'Acropole. Athènes.

Tête de l'Antinoüs. Fouilles de Delphes.

aujourd'hui, devant ce monument rendu à sa grandeur, qu'il sombra à l'état de décombres, tout comme on oublie qu'une grande partie de son décor sculpté, notamment de la frise, est maintenant exilée dans les salles du British Museum.

Les touristes se rendent volontiers d'Athènes au cap Sounion voir le temple de Poséidon, mais il est fort ruiné. A Corinthe, il ne reste debout que sept des trente-huit colonnes du temple d'Apollon. A Olympie, le temple de Zeus, célèbre par son ampleur et sa richesse, présente un chaos de tambours de colonnes. Solitaire dans les montagnes d'Arcadie, le temple de Bassae, construit par Ictinos, l'architecte du Parthénon, a dû être fortement restauré, et une partie de son décor sculpté se trouve aussi au British Museum. A Egine, que l'on atteint du Pirée par une courte traversée maritime, le temple d'Aphaia, élevé au lendemain de la bataille de Salamine, présente, dans un beau décor agreste, vingt-quatre colonnes debout, mais dont plusieurs ont dû être relevées. Et Delphes ? Le grand et célèbre temple d'Apollon, où officiait la Pythie, n'est plus qu'une somptueuse et émouvante ruine.

A la vérité, ceux qui s'attachent à l'architecture grecque ne peuvent ignorer les temples hellènes hors de la Grèce : ceux de Paestum, au sud de Naples, et ceux d'Agrigente, de Sélinonte et de Ségeste, dans cette Sicile dont on a pu dire qu'elle était le Far West de la Grèce. Ces constructions hors de la classique Hellade nous prouvent qu'on a, parfois, exagérément vanté la mesure des Grecs, l'échelle humaine de leurs temples. Là, ils n'ont point hésité devant le colossal. Le temple de Zeus à Agrigente était vraiment cyclopéen, si vaste (120 m de long sur 60 de large) qu'il ne put jamais être achevé. Quant au « temple G », à Sélinonte, il avait trois fois et demie la surface du Parthénon.

Outre les temples, l'architecture religieuse comportait des « trésors » : petits édifices élevés dans les grands centres religieux par les différentes cités grecques pour y déposer leurs offrandes et témoigner de leur dévotion. C'étaient, en quelque sorte, des chapelles particulières. Non loin de l'entrée du stade d'Olympie, on a retrouvé les ruines de treize d'entre eux, alignés côte à côte. On en a dénombré un peu plus à Delphes, dont la plupart ne sont que des vestiges. On peut y voir les ruines de celui qui est attribué aux Marseillais. Le trésor des Athéniens a pu, quant à lui, être reconstitué, et il représente un des joyaux de Delphes.

POUR LES SPORTS ET LES SPECTACLES

Il ne faut pas demander aux seuls temples de nous donner une vue architecturale de la Grèce. Nous ne passerons pas ici en revue tous les chapitres d'une « commande » qui fut abondante et variée dans une civilisation de type essentiellement urbain et,

Tête d'Athéna. Vᵉ s. av. J.-C. Musée de Francfort.

de surcroît, nantie de richesses par le commerce et la navigation : ensembles des acropoles, qui étaient tout à la fois citadelles et sanctuaires, des agoras, où se déroulait la vie active des citoyens (le futur forum romain). Peu de maisons monumentales dans ce pays au climat si clément ; les fouilles effectuées depuis près d'un siècle à Délos par l'Ecole française d'Athènes nous apportent cependant de précieux renseignements sur les habitations privées.

La passion des Grecs pour les jeux athlétiques et pour les spectacles a entraîné la construction, d'une part, de gymnases et de stades, et, d'autre part, de théâtres et d'odéons. Parmi les premiers, le stade qui s'élève à Delphes au-dessus des grands monuments de la cité reste impressionnant. Mais c'est à Olympie — à tout seigneur, tout honneur ! — qu'on recherche tout naturellement les témoins des jeux célèbres. Au gymnase d'époque hellénistique, qui était bordé de deux longs portiques, se déroulaient les exercices par mauvais temps ; l'un de ces portiques s'allonge encore sur plus de 200 mètres. La palestre, réservée aux luttes, conserve toujours parmi ses ruines, également d'époque tardive, les dispositifs essentiels, singulièrement évocateurs. Quant au stade, où se célébraient les jeux Olympiques, on en a, depuis quelques années, reconstitué la piste et les talus où se pressaient les spectateurs (ils pouvaient être 20 000).

Des théâtres, le plus impressionnant qui nous soit parvenu est celui d'Epidaure, dont les récentes restaurations n'ont pas encore revêtu les souhaitables patines. Construit au IVᵉ siècle av. J.-C., il pouvait contenir, assure-t-on, 14 000 spectateurs, qui bénéficiaient d'une acoustique dont les effets sont une grande distraction des touristes. A Athènes, la vision de l'Acropole fait par trop oublier le théâtre de Dionysos, qui s'élève au flanc sud de la colline sacrée ; il pouvait contenir un public aussi nombreux que le théâtre d'Epidaure.

Comme pour les temples, c'est dans le monde grec hors de la Grèce qu'on doit compléter son information sur les théâtres : en Sicile, avec celui, taillé dans le roc et si impressionnant, de Syracuse, où Eschyle vint faire représenter *les Perses* en 472 av. J.-C., ou celui de Taormina, planté dans un site sublime ; en Asie Mineure, avec ceux de Pergame, d'Ephèse, reconstruit pour 25 000 personnes à l'époque romaine, et, surtout, celui d'Aspendos, dans l'ancienne Pamphylie, qui est le monument antique le mieux conservé de l'Anatolie. Des amphithéâtres, qu'on ne s'attende

Porteurs d'hydries. Frise du Parthénon. Vᵉ s. av. J.-C. Musée de l'Acropole.

pour une bonne part, d'ateliers crétois. Telle est « la Dame d'Auxerre », qu'on date du milieu du VIIᵉ siècle av. J.-C.; elle est ainsi appelée car elle échoua — on ne sait comment — dans le chef-lieu de l'Yonne, d'où elle est partie pour le musée du Louvre.

Cette vénérable Dame d'Auxerre, qui affirme le premier essor de la sculpture grecque (on a pu dire qu'elle « était la tête de série et comme l'incunable de la sculpture antique »), semble être l'ancêtre des corés, ces célèbres représentations féminines, dont une galerie incomparable orne le musée installé sur l'Acropole d'Athènes. C'est miracle que ces chefs-d'œuvre aient été conservés. Exécutés dans le milieu du VIᵉ siècle av. J.-C., ils n'avaient pas connu longtemps le soleil de l'Attique : une cinquantaine d'années tout au plus. Au cours de la seconde guerre médique, Athènes fut, en 480 av. J.-C., ravagée par les Perses, et les soldats de Xerxès brisèrent et profanèrent les statues de l'Acropole. Mais les Athéniens en ramassèrent les débris et les ensevelirent pieusement dans une fosse commune aux abords du Parthénon. Le linceul de l'oubli les protégea pendant près de deux millénaires et demi, jusqu'à la fin du siècle dernier, où elles ont été remises au jour, gardant encore la fraîcheur des couleurs qui les rehaussaient.

Ces corés livrent à l'armée nombreuse des touristes de l'Acropole leur beauté, leurs sourires, leur corps transparaissant sous les étoffes légères. Elles ont tant de vie et d'expression, malgré leur hiératisme, qu'on voudrait y voir des portraits. C'est vraiment en regardant ces corés qu'on comprend, en Grèce, combien le divin s'unissait à l'humain et s'exprimait l'un par l'autre. L'image de belles filles, à la jeunesse pétulante, parées de toutes les séductions : hommage charnel à des dieux, auxquels on offre de périssables beautés.

UNE RÉVÉLATION RÉCENTE

La coré féminine a son répondant masculin dans le *couros*, jeune homme représenté debout, nu, les bras collés au corps, la jambe gauche en avant. Corés et couroi sont, en ce VIᵉ siècle av. J.-C., des sujets standardisés, mais seulement en apparence; aucun ne ressemble aux autres. Les artistes grecs, interprétant un même sujet, ont varié les expressions des visages, les modes de vêtement pour les corés, et, par maints détails, ils ont toujours réussi une remarquable disparité sur un thème d'unité.

Un des plus extraordinaires couroi offert à notre admiration est une révélation récente. Il a été trouvé en 1959,

pas à en trouver en Grèce; les Hellènes ne connurent point les jeux barbares dans lesquels les Romains devaient se complaire.

DÉBUT DE LA GRANDE SCULPTURE

La grande sculpture n'a pas existé en Grèce avant le VIIᵉ siècle av. J.-C. On peut s'étonner de son apparition relativement tardive, alors que l'Egypte la pratiquait depuis si longtemps déjà. Justement, on estime aujourd'hui que ce sont les contacts développés entre la Grèce et l'Egypte qui ont favorisé l'éclosion de la sculpture en Hellade. Est-elle née en Crète, qui est l'étape entre les deux rives de la Méditerranée? Les Anciens le pensaient et ils en attribuaient la paternité au fabuleux Dédale, qui avait dû se réfugier en Crète auprès du roi Minos, dont il fut le sculpteur et l'architecte, en construisant pour lui le palais inextricable — le Labyrinthe — où l'on put enfermer le Minotaure, ce monstre au corps d'homme et à la tête de taureau.

En tout cas, les sculptures les plus anciennes apparaissent bien être sorties,

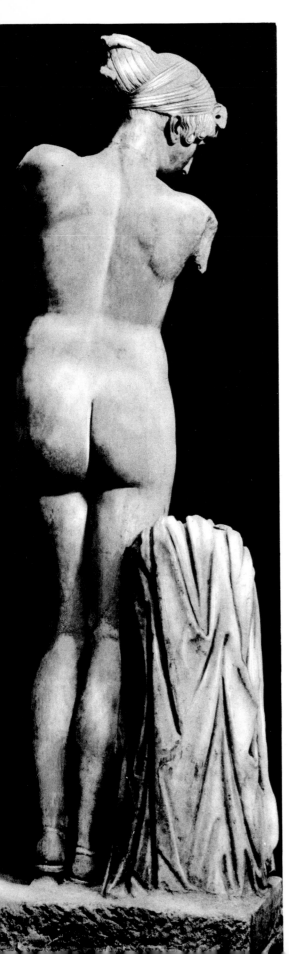

**Vénus de l'Esquilin. Vᵉ s. av. J.-C.
Musée des Conservateurs. Rome.**

en même temps que d'autres statues, lors de travaux effectués pour l'établissement d'un égout sous une rue du Pirée. On pense que ce dépôt faisait partie du butin provenant du pillage de Sylla. Cette statue, qu'on date de 530-520, est surprenante par sa beauté, mais elle a aussi le privilège d'être la plus ancienne connue des statues de bronze de grandes dimensions (elle a près de 2 m de haut). Elle est actuellement présentée en place d'honneur au Musée national d'Athènes.

Cent ans seulement séparent la Dame d'Auxerre des corés de l'Acropole et du couros du Pirée. Quelle maîtrise, quelle virtuosité ont atteintes, en un si court laps de temps, les artistes grecs! Ils ont fait du VIᵉ siècle une des plus fécondes périodes d'art qu'on puisse imaginer. Il est vrai que le climat politique leur permettait de s'épanouir : la Grèce est alors sortie de ses hésitations, de ses migrations; ses cités ont assis leur régime, installé un peu partout leurs colonies et leurs comptoirs; le commerce va bon train. Les potentats et les aristocrates locaux rivalisent pour orner leur cité; c'est une époque comparable à la Renaissance italienne, éclatante par la surenchère des papes et des princes, ou au baroque, exalté par les petites cours allemandes.

VERS LE CLASSICISME

Nous avons dit que la grande diffusion de ces types si attachants, si parfaits aussi, que sont les couroi et les corés a eu lieu au cours du VIᵉ siècle. C'est encore la période qu'on appelle « archaïque », sans qu'on doive donner à ce terme un sens tant soit peu péjoratif. C'est avec le Vᵉ siècle av. J.-C. que commence la période dite « classique ». Deux des œuvres le plus justement célèbres de la transition sont le Zeus de l'Artémiséion et l'Aurige de Delphes, qu'on date des environs de 470 av. J.-C. Cette dernière œuvre est un admirable témoignage des sculptures de bronze, qui, victimes des récupérateurs de métal qui ont sévi à toutes les époques, nous sont parvenues en de trop rares exemplaires. Elle fut, par bonheur, préservée parmi les décombres du temple d'Apollon lorsqu'il fut ruiné au IVᵉ siècle, et elle est la parure du beau musée qui a été récemment construit à Delphes. Cette statue appartenait à un quadrige de bronze qui commémorait le triomphe, dans une course de chars, de Polyzalos, tyran de Géla, la grande cité grecque du sud de la Sicile.

L'aurige, c'est-à-dire le conducteur du char, est représenté debout, comme il l'était aux côtés du propriétaire de l'attelage. Un grand spécialiste, Pierre Devambez, l'a décrit en des termes qu'on ne peut que reproduire : « Dans la fleur de la jeunesse, immobile et frémissant de vie contenue, il semble regarder la foule qui l'acclame et vers laquelle il tourne légèrement le visage, mais ses traits purs et réguliers demeurent impassibles et respirent la modestie; il est vêtu de la longue robe que portaient uniformément ceux de sa profession, et, sur cette robe, les plis verticaux évoquent les cannelures d'une svelte colonne. Fière et noble image, que n'altère nulle virtuosité, parfaite expression d'une époque où l'aristocratie tenait moins au hasard de la naissance qu'à l'élévation de l'idéal. »

Voilà donc le classicisme qui s'affirme, voyant éclore des sculpteurs illustres : Myron, avec son *Discobole* si plein d'élan; Polyclète, citoyen d'Argos, qui excella dans la représentation des athlètes en bronze; et surtout Phidias, le grand Phidias.

Né vers 500 av. J.-C., il est encore enfant lorsque les Athéniens sont sortis vainqueurs des Perses dans la première guerre médique. Le danger est définitivement écarté par la victoire de Salamine. Athènes triomphe et va connaître ses plus beaux jours avec Périclès, qui dominera la politique et les événements pendant trente ans.

Le « siècle de Périclès », a dit Voltaire. Certes, l'expression est juste, comme on dit le « siècle d'Auguste » ou le « siècle de Louis XIV ». Cependant, il ne s'agit pas d'un siècle, mais d'une assez courte période, de 443 à 429, entre deux guerres : la seconde guerre médique et la guerre du Péloponnèse. Mais combien ce temps limité a été rempli et brillant! Poètes, comme Sophocle, historiens comme Hérodote, architectes, sculpteurs se pressent autour de l'homme d'Etat, parant Athènes d'un lustre jamais égalé.

LE GÉNIE DE PHIDIAS

Athènes avait été saccagée par les Perses. Périclès veut redonner à l'Acropole tout son éclat. Il sait distinguer le génie de Phidias et en fait son ami, son directeur de travaux et son sculpteur attitré. Ce maître incomparable groupe une pléiade d'architectes et d'artistes. Il suffit de quelques années pour construire des « monuments d'une grandeur étonnante, d'une beauté et d'une élégance inimitables », ainsi que le consignait Plutarque, qui s'étonnait à juste titre qu'un tel ensemble ait pu être réalisé en un si court délai.

L'activité de Phidias ne se limite pas à Athènes, et c'est à Olympie qu'il exécute une statue qui fut considérée à l'époque comme son chef-d'œuvre : la colossale statue chryséléphantine (c'est-à-dire toute d'or et d'ivoire) du tout-puissant Zeus. Cette statue de Zeus ne mesurait pas moins de 12 mètres de haut. De mêmes dimensions et dans les mêmes riches matières était une autre œuvre de Phidias, la statue d'Athéna Parthénos, qui, érigée à l'intérieur du Parthénon, fut consacrée en présence de Périclès. De telles réalisations témoignent de l'extraordinaire virtuosité technique à laquelle atteignirent les artistes grecs, de même que leurs soucis pour la conservation des œuvres. L'historien et géographe Pausanias nous assure que, à l'intérieur de la cella qui abritait l'Athéna, l'air était artificiellement saturé d'humidité pour éviter toute détérioration de l'ivoire.

De la plupart des grandes œuvres grecques, les originaux ont disparu et nous les connaissons seulement par des copies (il en est ainsi, par exemple, du fameux Discobole de Myron). Quel jeu

difficile — et souvent fort décevant — de retrouver les modèles d'après leurs répliques ! Pour Phidias, nous avons plus de chance. D'abord, nous avons sous les yeux sa grande œuvre architecturale : la conception de l'ensemble monumental de l'Acropole, tel qu'il nous est parvenu. Quant à son œuvre sculpturale, c'est la décoration du Parthénon, qui, tant bien que mal, a franchi les siècles. Que ces prodigieuses sculptures ne soient pas entièrement de la main du maître, cela ne fait pas de doute.

Comment aurait-il pu, à lui seul, exécuter les 160 mètres de frise, qui ne comprennent pas moins de 360 personnages, ainsi que les immenses ensembles des frontons ? On n'hésite pas, en tout cas, à lui attribuer les motifs les plus importants. Quelle fut sa part personnelle ? Cela n'a, en vérité, qu'une importance relative. Ce qui compte, c'est la maîtrise de l'homme, l'autorité de son génie, grâce auxquelles toutes les équipes d'artistes surent se soumettre à une même discipline et faire en commun

Ci-dessus et à gauche : **boucles d'oreilles en or.**

A droite : **amazone à cheval. Vᵉ s. av. J.-C. Musée national d'Athènes.**

119

L'art

une œuvre admirable d'unité et de beauté. Rien ne pouvait mieux affirmer le triomphe d'Athènes ; il fut malheureusement éphémère.

L'élan donné par Phidias ne devait pas s'éteindre de sitôt, malgré l'exil du maître et malgré la perte de suprématie d'Athènes. C'est ainsi que le sanctuaire de l'Erechthéion, à l'architecture si originale, célèbre par ses caryatides, bien que faisant partie du programme voulu par Périclès, ne fut construit qu'entre 421 et 406.

Ménade endormie. IVᵉ s. av. J.-C. Musée des Thermes. Rome.

A droite : l'Aphrodite de Cnide. IVᵉ s. av. J.-C. Réplique romaine de l'œuvre de Praxitèle. Louvre.

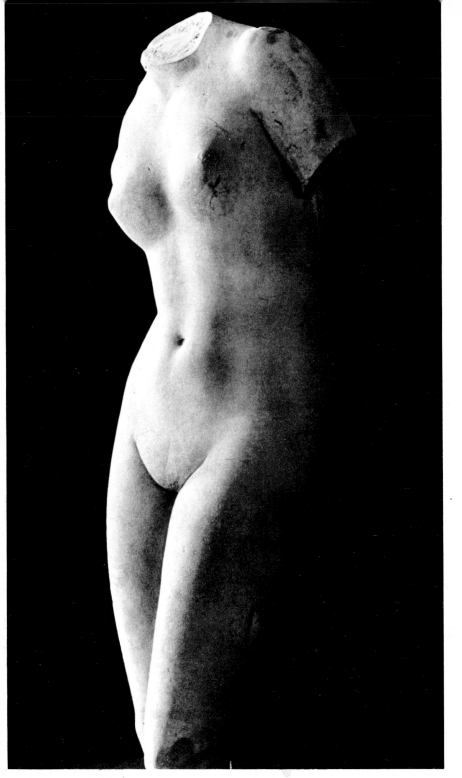

DE PRAXITÈLE A LA VÉNUS DE MILO

Dans le siècle suivant, le IVᵉ, c'est le nom de Praxitèle qui se détache. Sans doute connut-il une énorme popularité, si l'on en juge simplement par l'abondance des copies qui furent faites de ses œuvres.

Sa manière était bien faite pour séduire. Il est raffiné et sensuel ; il dédaigne la sculpture monumentale, les scènes guerrières et l'athlétisme, de même que les dieux forts, pour s'attarder avec complaisance aux corps tendres des éphèbes et des jeunes femmes. Il a été le premier à représenter une déesse entièrement nue, en l'espèce l'Aphrodite de Cnide, ce qui provoqua un scandale.

Praxitèle sut admirablement traiter tout aussi bien le marbre et le bronze, et leur donner une douceur et un modelé voluptueux, qui n'est point pour autant une simple complaisance ou une recherche d'érotisme ; bien au contraire, on a pu mettre en valeur son inspiration religieuse et même un certain mysticisme sous l'influence de Platon.

On sait, par les textes, que les œuvres de Praxitèle furent abondantes. Il ne nous en est parvenu, hélas!, aucune dont on puisse dire avec quelque certitude qu'elle est de la main du maître. Les répliques sont en tout cas nombreuses et de belle qualité. Nous venons de citer la fameuse Aphrodite de Cnide. Signalons qu'on veut voir une copie d'une œuvre de Praxitèle — car elle est bien dans sa manière — dans la

Ci-dessus : **ménade de Sicyone. Vᵉ s. av. J.-C. Musée de Dresde.**

A droite : **Antinoüs. Louvre.**

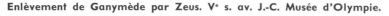
Enlèvement de Ganymède par Zeus. Vᵉ s. av. J.-C. Musée d'Olympie.

Vénus d'Arles (au musée du Louvre), qui fut inutilement, et non sans maladresse, retouchée au XVIIᵉ siècle par le sculpteur Girardon.

On connaît le nom du peintre auquel s'adressait Praxitèle pour peindre ses statues. En effet, tous les marbres grecs étaient rehaussés de polychromie. Les corés de l'Acropole étaient, avons-nous dit, encore coloriées quand elles furent exhumées à la fin du siècle dernier. Comme pour les temples et monuments soumis à un véritable bariolage, on reste songeur en pensant que les purs marbres disparaissaient sous la couleur. Avec Alexandre le Grand et les conquêtes macédoniennes, le monde hellène changera d'aspect. Commence alors la période dite « hellénistique »,

où l'art grec se projettera sur des étendues immenses, entrera en contact avec des inspirations étrangères (d'où les sculptures gréco-bouddhiques) et verra ses productions multipliées. Nous ne nous étendrons pas sur cette époque, où les centres artistiques se situent souvent hors de la Grèce même, à Alexandrie notamment. C'est encore une profusion de chefs-d'œuvre, où l'influence d'un Praxitèle marque sa profondeur. L'exemple le plus caractéristique est bien la Vénus de Milo, que les spécialistes les plus qualifiés ont maintenant « rajeunie ». Elle ne remonterait guère plus haut que l'année 100 avant notre ère.

Certains peuvent s'étonner que la sculpture grecque ait produit une telle

En haut : hydrie de Caeré.
Vlᵉ s. av. J.-C. Louvre.
En bas : amphore attique.
Vᵉ s. av. J.-C. Louvre.

122

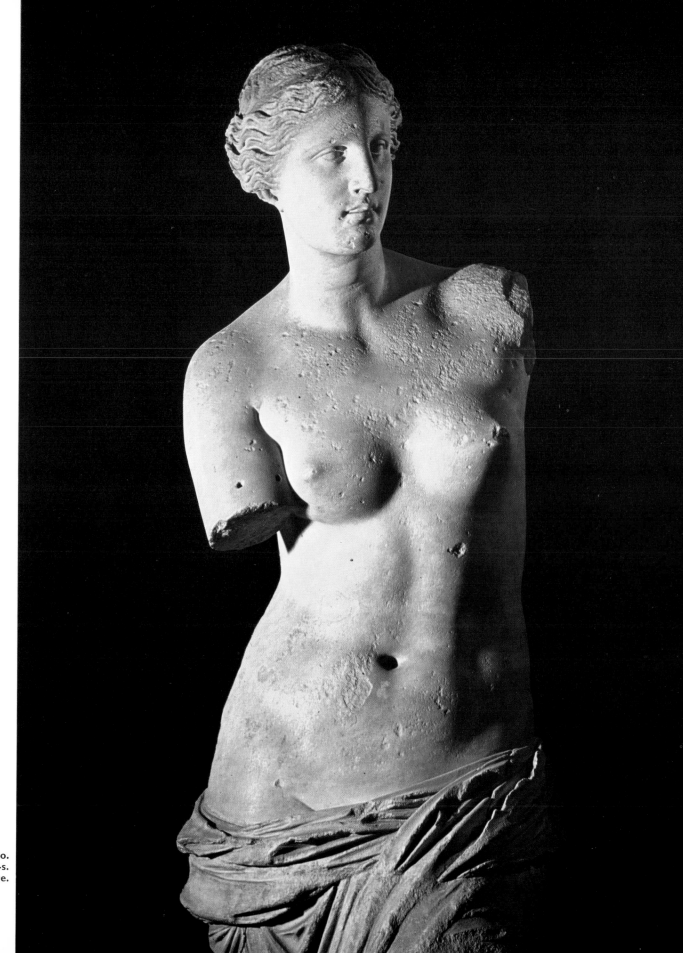

Vénus de Milo.
IIe-ou Ier-s.
av. J.-C. Louvre.

L'art

œuvre à une époque si tardive, où les Romains avaient déjà mis la Grèce sous leur joug. C'est là une occasion de souligner que la lourde intervention romaine n'a pas tué le génie grec. Après une éclipse, l'art a repris ses droits et connu une prospérité qui prenait l'apparence d'une résurrection. Admirable renouveau, reflet tardif du classicisme, qui nous a donné cette Vénus de Milo!

PEINTURE ET CÉRAMIQUE

Ce serait une grave erreur si, pour connaître l'art grec et en juger, on s'en tenait à l'architecture et à la grande sculpture. Hélas! de la peinture, qui, on le sait par les textes, a tenu une place considérable dans le décor grec, il ne nous est pratiquement rien parvenu. Qu'elle fût murale ou en tableaux isolés, sa fragilité même la condamnait. Par un curieux hasard, les quelques œuvres sauvées appartiennent aux plus anciennes époques : fragments de fresques mycéniennes (au Musée national d'Athènes) ou de fresques retrouvées dans le palais de Cnossos, dont ces sujets tant popularisés que sont « la Parisienne » et « le Prince aux fleurs de lis », qui figurent au musée d'Héracléion, en Crète. De la grande époque classique, on a des noms de peintres illustres : Polygnote de Thasos, qui fit de vastes compositions à Delphes, et surtout Apelle, tant honoré par Alexandre le Grand, dont il fit le portrait. Et n'oublions pas que Phidias pratiqua aussi la peinture. Des noms, mais point d'œuvres...

Par contre, on est remarquablement documenté sur la céramique. Les fouilles en ont livré une incroyable abondance, et la moisson ne cesse de s'accroître. La plus grande source actuelle est la nécropole de Spina, dans le delta du Pô; les Etrusques, qui peuplaient cette ville, faisaient venir en quantité les plus belles céramiques attiques, et c'est par milliers qu'on compte celles qui ont été exhumées du site.

L'étude de la céramique grecque est passionnante à tous égards. Elle était un grand art, mais aussi une énorme industrie, et on peut étudier les relations commerciales dans l'Antiquité par les tessons retrouvés dans les fouilles. Les décors figurés constituent, d'autre part, le plus prodigieux catalogue des sujets mythologiques et des scènes de genre. Notre regret de la disparition des pein-

Statuettes de Tanagra. Louvre.

tures est ainsi, dans une large mesure, compensé par la documentation apportée par les céramiques.

Les arts mineurs (mais peut-on raisonnablement les appeler ainsi?) méritent une mention toute particulière. Les statuettes de terre cuite sont innombrables. Qui ne connaît ces exquises figurines de jeunes femmes qui portent le nom de Tanagra, la ville de Béotie où elles furent découvertes? Travail du bronze et des métaux précieux, les artistes grecs ont excellé dans tous ces domaines. L'énorme cratère trouvé en 1951 dans la tombe féminine de Vix, près de Châtillon-sur-Seine, et dont on connaît tant la démesure que la beauté, est une œuvre hellénique. Si elle n'a pas été exécutée en Grèce même, elle provient sans doute d'un atelier de l'Italie du Sud, qui était alors dans le domaine grec.

SCULPTURES EXILÉES

Aucun voyageur en Grèce ne saurait négliger les grands musées qui abondent en chefs-d'œuvre. Même pour un touriste pressé, il en est au moins quatre dont la visite s'impose : le Musée national d'Athènes, dont les trésors de Mycènes forment la glorieuse antichambre; le musée de l'Acropole, paré des sémillantes corés; celui de Delphes, où trône l'Aurige, et celui d'Olympie, avec les admirables frontons du temple de Zeus, le dieu souverain de la cité.

Encore ne peut-on se contenter de visites hâtives. Il ne suffit pas, en effet, d'admirer les œuvres grecques; il faut s'efforcer de les comprendre et d'en pénétrer la signification profonde. Un éminent spécialiste, François Chamoux, le soulignait récemment : « L'art grec, à l'époque archaïque et classique, n'est nullement un art gratuit, divertissement des raffinés, visant à la simple délectation de l'esprit et des sens. L'œuvre d'art a une signification, elle répond à des besoins et à des intentions précises. La qualité esthétique lui est donnée par surcroît et nous commettons une grave erreur d'optique en croyant que l'artiste a visé d'abord à créer de la beauté. En fait, il a voulu fabriquer un objet qui soit propre à la fin à laquelle il est destiné : un temple est la maison du dieu avant d'être un monument d'architecture; une statue est une offrande avant d'être une œuvre plastique; une coupe est d'abord un vase à boire, auquel la matière et le décor ajoutent seulement du prix. Stendhal l'a fort bien dit : « Chez les Anciens, le beau n'est « que la saillie de l'utile. » L'art pour l'art est une théorie étrangère à la conscience hellénique. »

Si la Grèce nous présente tant de chefs-d'œuvre, de combien, par contre, a-t-elle été frustrée? Ces sculptures exilées, il faut aller les glaner dans des musées ou collections de l'étranger, qu'elles rejoignirent pour la plupart à l'époque où, le pays étant sous la domination ottomane, le pillage en fut méthodiquement organisé.

Nombre d'œuvres capitales prirent ainsi, à la fin du XVIIIe siècle et au début du XIXe, le chemin de l'Europe, sinon de l'Amérique. C'est en vertu d'un acte officiel du Sultan que Thomas Bruce, comte d'Elgin, ambassadeur d'Angleterre auprès de la Sublime Porte, put, de 1800 à 1803, dépouiller les monuments de l'Acropole de leurs plus précieuses sculptures, dont il fit don par la suite au British Museum. Le lot comprend notamment une grande partie de la fameuse frise des Panathénées. L'excuse de lord Elgin est qu'il voyait l'Acropole à l'abandon se dégrader de jour en jour; en contrepartie, le mot d' « elginisme » stigmatise pour toujours le dépècement monumental... La glyptothèque de Munich possède, de son côté, les frontons du temple d'Aphaia, à Egine, et c'est à Berlin qu'a échoué l'autel monumental de Zeus à Pergame, en Asie Mineure. Le musée du Louvre n'est pas en reste avec la Victoire de Samothrace, découverte en 1863 par un Français, et la Vénus de Milo, acquise, non sans pressions, quarante ans auparavant.

ROME FASCINÉE PAR LA GRÈCE

Mais les pillages contemporains avaient eu de singuliers précédents. Quand le consul Marcellus eut châtié Syracuse, qui, en Sicile, avait été la plus grande ville du monde grec, on transféra à Rome les chefs-d'œuvre qui y avaient été accumulés depuis des siècles. Et qui ne connaît les prévarications de Verrès, gouverneur de la Sicile, dont Cicéron stigmatisa les crimes — les abus de pouvoir, devrait-on peut-être se contenter de dire! C'est ainsi qu'il acheta le Cupidon de Praxitèle pour la modeste somme de 1 600 sesterces.

En l'an 86 avant notre ère, après soixante ans de soumission à l'autorité romaine, les provinces grecques se rebellèrent, et Sylla châtia Athènes dans le carnage. Non seulement cette ville, mais aussi Epidaure, Olympie, Delphes furent dépouillées; on ne respecta même pas les trésors des temples, cependant réputés inviolables. C'est certainement un lot de ce butin, prêt à être embarqué, qu'on a retrouvé au Pirée en 1959, livrant notamment, comme nous l'avons dit plus haut, un magnifique couros de bronze.

Mais tous ces pillages ne représentaient pas seulement des actes de pure violence. Ils témoignaient de l'extraordinaire fascination que l'art grec exerçait

**Victoire de Samothrace.
Vers 200 av. J.-C. Louvre.**

L'art

sur les Romains. Les œuvres pillées contribuaient à maintenir ceux-ci dans l'ambiance hellène. Dans une large mesure, Rome a hérité de la Grèce et en a été le prolongement. Etonnante revanche de vaincus qui s'imposent à leurs vainqueurs par la seule force de leur esprit et de leur art...

L'ART BYZANTIN

Après la conquête romaine, l'Hellade subira les invasions des Huns, ensuite des Slaves. Puis, ce seront les féodalités des princes francs et des Vénitiens, et, enfin, la lourde et tyrannique domination turque, qui ne devait prendre fin qu'au début du siècle dernier. Il est frappant que la vitalité spirituelle et artistique de la Grèce n'en ait jamais été tarie pour autant. Au XIe siècle sera construite l'église de Daphni, non loin d'Athènes, célèbre par ses mosaïques. Le Mont-Athos s'affirmera un foyer artistique et, non loin de l'antique Sparte, la ville de Mistra, si pittoresque et si puissamment évocatrice, conserve du Moyen Age monastères et églises aux riches peintures, qui comptent parmi les grandes productions de l'art byzantin.

Naissance de la Vierge. Monastère de Caracallou. Mont-Athos.

Le Précurseur (saint Jean). Église de Kariès. Mont-Athos.

Madon... recouver... de diaman... et de pierre... précieuse... Icône du XVe... Monastère d... Constamonito... Mont-Atho...

126

Acteurs au repos lors d'une répétition au théâtre d'Épidaure.

La littérature

Quelle est donc l'essence, et quel fut l'essor de cette littérature qui permettait de saluer chez un écrivain d'aujourd'hui l' « extrême fleur du génie grec » et qui faisait errer, avec une vénération presque religieuse, tel ancien membre de notre école d'Athènes, avec un Platon en poche, de la prison où mourut Socrate à la tribune d'où parlait Démosthène?

Homère.

Comme nous ne savons presque rien de sa naissance et que nous ignorons dans quelle mesure elle a subi l'influence de l'Orient, la littérature grecque nous apparaît, à tort ou à raison, comme une littérature originale, quasi spontanée, qui n'a guère imité les autres. Comme elle a créé et porté à la perfection différents genres, elle a elle-même exercé une insigne influence sur la littérature latine et, par ricochet, sur la nôtre, et elle a été beaucoup imitée.

On a coutume de distinguer trois âges dans son histoire.

L'âge archaïque (antérieur au Ve s. av. J.-C.), dont l'une des caractéristiques principales est que les trois dialectes qui se partagent le monde grec, mais que tous les Grecs peuvent entendre, sont affectés chacun à un genre déterminé : l'éolien (Lesbos, Thessalie, Béotie) à la poésie légère; le dorien (Péloponnèse, Crète, Rhodes,

Sicile) à la haute poésie (odes); l'ionien (Ionie, Cyclades, Attique) à l'épopée et à l'histoire.

L'âge attique (Ve et IVe s.), qui, grâce à la prépondérance littéraire exercée par Athènes, voit le triomphe du dialecte attique et son épanouissement au « siècle de Périclès ».

L'âge hellénistique et romain (postérieur à la mort d'Alexandre le Grand).

L'ILIADE

Sous le nom d'Homère, il nous est parvenu deux épopées en vers : l'Iliade et l'Odyssée, que des chanteurs appelés aèdes déclamaient sur la lyre dans les cérémonies et les festins.

L'Iliade, ou poème d'Ilion (Troie), est le récit de la colère d'Achille au siège de Troie et des suites dramatiques qu'elle eut. Agamemnon, généralissime des Grecs, ayant retenu captive la

jeune Chryséis et refusé de la rendre à son père, Chrysès, prêtre d'Apollon, le dieu furieux venge son ministre en lançant la peste sur le camp. Agamemnon rend alors Chryséis à son père, mais s'attribue en compensation la captive d'Achille, Briséis. Achille, après avoir violemment injurié Agamemnon, se retire dans ses baraquements et ne prend plus part à la guerre. Son absence se fait bientôt cruellement sentir : le Troyen Hector, après d'émouvants adieux à sa femme Andromaque et à son fils, le petit Astyanax, part pour le combat, bat les Grecs, commence à brûler leurs vaisseaux et tue finalement Patrocle, ami fidèle d'Achille, qui a revêtu les armes du héros. Pour venger son ami, Achille, réconcilié avec Agamemnon, s'élance au combat, sème la mort parmi les Troyens et tue enfin Hector, dont il traîne trois fois le corps attaché à son char autour des murs de Troie, avant de le rendre, pour la sépulture, au vieux roi Priam, qui l'implore. Nul ne peut ignorer le plus célèbre passage de *l'Iliade*, celui des adieux d'Hector à Andromaque, dont il a été tiré tant de tragédies par la suite ; la scène se passe aux portes de Scées, au moment où le héros troyen part pour se battre :

« Andromaque y vint rejoindre son mari ; une seule femme l'accompagnait portant sur son sein leur fils dans l'âge le plus tendre encore ; unique rejeton d'Hector, il était beau comme un astre... A la vue de son enfant, Hector sourit en silence, tandis qu'Andromaque s'approche de lui, en larmes, et, lui prenant la main, lui dit :

« — Infortuné ! ton courage te perdra ; tu n'as point de pitié pour ce tendre enfant, ni pour moi, malheureuse, qui serai veuve bientôt, car bientôt les Grecs te tueront en réunissant tous leurs efforts. Cependant, si je venais à te perdre, il vaudrait mieux pour moi être ensevelie sous terre ; il ne me restera que la douleur. Je n'ai plus ni mon père, que tua le terrible Achille au sac de Thèbes, ni mon auguste mère. J'avais aussi sept frères dans nos palais, qui tous en un même jour furent exterminés par le bouillant Achille...

« Les Perses », par la troupe du théâtre d'Athènes, au théâtre des Nations, à Paris.

Ma mère, qu'Achille avait délivrée au prix d'une énorme rançon, périt de mort soudaine. Hector, tu es pour moi mon père, ma vénérable mère ; tu es mon frère ; tu es aussi mon mari brillant de jeunesse ; aie pitié de ma douleur : reste au sommet de cette tour, ne laisse pas ton épouse veuve et ton fils orphelin...

« — Ma femme chérie, lui répond Hector, toutes ces pensées m'occupent aussi ; mais je rougirais devant les Troyens si, comme un lâche, je fuyais le combat... Et, d'ailleurs, je le pressens, un jour viendra où la ville d'Ilion et le peuple de Priam périront à la fois, mais ni les malheurs futurs des Troyens ni ceux du roi Priam et de mes frères qui tomberont sous les coups de l'ennemi ne m'affligent autant que ton propre destin, lorsqu'un Grec inhumain t'entraînera tout en pleurs après t'avoir

ravi ta douce liberté, lorsque dans Argos tu ourdiras la trame sous les ordres d'une étrangère... Alors en te voyant pleurer on dira : « C'est donc là cette « femme d'Hector, qui fut le plus vail-« lant des guerriers troyens... »

Hector voulut alors prendre son fils dans ses bras ; mais l'enfant, troublé à la vue de son père, se jette en criant dans le sein de sa nourrice ; il est effrayé par l'éclat de l'airain et la crinière qui flotte, menaçante, sur le sommet du casque... Hector aussitôt pose à terre son casque superbe et balance dans ses bras son fils, puis le remet entre les bras d'Andromaque, qui sourit à travers ses larmes. Le héros, touché de pitié, lui dit alors :

« — Andromaque chérie, ne t'abandonne pas trop à la douleur : nul guerrier ne peut se précipiter dans la tombe avant l'heure fixée par le destin...

Eschyle.

Extrait d'une page des « Tragédies » d'Eschyle, annotée par Jean Racine.

La littérature

Retourne dans ta demeure, reprends la toile et le fuseau, surveille les travaux de tes femmes : pour la guerre, elle doit être mon unique soin et celui de tous les Troyens... »

« L'ODYSSÉE »

L'Odyssée est le récit des aventures extraordinaires d'Odysseus (Ulysse), le plus éloquent, et le plus rusé surtout, des chefs grecs, à son retour de Troie. Tandis qu'Ulysse est retenu dans l'île mystérieuse de la déesse Calypso, sa fidèle épouse Pénélope, qui l'attend dans son île d'Ithaque, est en butte aux intrigues des prétendants qui se sont établis chez elle et veulent chacun l'épouser. Calypso ayant consenti enfin au départ d'Ulysse, il aborde, après une terrible tempête, à l'île des Phéaciens, où l'accueille la gracieuse Nausicaa, fille du roi Alcinoos, qui le conduit au palais de son père. Il entend là un aède, Démodocos, chanter les péripéties du siège de Troie et laisse percer son émotion. Interrogé, il conte à Alcinoos ses aventures : son séjour chez un Cyclope géant, à qui il n'échappa qu'à force de ruse, après lui avoir crevé son œil unique en y enfonçant un pieu ; son séjour dans l'île de Circé, la magicienne, qui transforme en porcs les êtres humains ; puis, c'est tour à tour l'évocation des morts chez les Cimmériens, le dangereux passage devant l'île des Sirènes, qui séduisent les voyageurs par leurs chants pour se repaître de leur chair (Ulysse, pour leur échapper, fait boucher de cire les oreilles de ses compagnons et se fait attacher lui-même à un mât), l'arrivée à l'île du Soleil, où tous les compagnons d'Ulysse sont foudroyés par Zeus pour avoir égorgé les bœufs du Soleil, et enfin l'arrivée d'Ulysse chez Calypso. Ulysse obtient un vaisseau des Phéaciens et aborde à Ithaque, déguisé en mendiant ; personne ne le reconnaît, pas même Eumée, le bon porcher de son frère ; mais il se fait reconnaître de son fils Télémaque, parti à sa recherche et qui vient de rentrer à Ithaque ; puis il se rend au palais, où le chien Argos meurt de joie en le reconnaissant, mais où les prétendants le couvrent d'insultes. Pénélope, ayant promis d'épouser celui des prétendants qui pourra tendre l'arc d'Ulysse, tous échouent ; Ulysse réussit, et après avoir massacré les prétendants et avoir été reconnu, non sans peine ni épreuve, de la prudente Pénélope, recouvre son royaume.

LA QUESTION HOMÉRIQUE

Alors que l'antiquité admettait que l'Iliade et l'Odyssée étaient l'œuvre d'un poète nommé « Homère l'aveugle », on a soutenu, surtout aux XVIIIe et XIXe siècles, tantôt qu'aucun des deux poèmes n'était l'œuvre d'un seul poète, tantôt que l'Iliade et l'Odyssée étaient d'un poète différent. Mais de telles opinions ne prévalent plus de nos jours, et les partisans de l'unité sont, depuis le XXe siècle, de plus en plus nombreux. On se borne à admettre qu'aux poèmes primitifs d'importantes additions aient pu être faites par les rhapsodes, déclamateurs et chanteurs ambulants, qui parcouraient les villes en récitant Homère.

La connaissance d'Homère faisait partie de l'éducation des jeunes Grecs. Au VIe siècle, les Pisistratides en introduisirent la lecture aux fêtes des Panathénées et semblent en avoir fait faire la première édition officielle. A Rome, le poète Livius Andronicus (IIIe s. av. J.-C.) compose une Odyssée latine, c'est-à-dire une traduction latine de l'Odyssée, qu'on apprend par cœur dans les classes. Virgile, en son Enéide, dont les six premiers chants sont une Odyssée et les six derniers une Iliade, a les yeux fixés sur Homère. André Chénier transcrit en beaux vers, dans son poème de l'Aveugle, l'épisode purement légendaire qui montre le vieil Homère abandonné par ses matelots sur une plage de l'île de Chio, où d'énormes molosses viennent aboyer après ses haillons. « Le génie, a dit Lamartine, s'est fait plus que roi avec Homère, il s'est fait dieu, le dieu de l'Immortalité humaine. » Il

Sophocle.

Ci-contre : « Œdipe à Colone », au théâtre Récamier, à Paris.
Ci-dessous : « Œdipe-Roi », au théâtre des Nations.

est le père de la poésie, et l'on connaît les œuvres d'Ingres et de Delacroix, le premier peignant pour un plafond du Louvre l'*Apothéose d'Homère,* le second, pour une coupole du Luxembourg, *Homère recevant dans l'Elysée Virgile,* qui lui amène Dante, Horace, Ovide et Lucain tenant au poing le clairon de la Pharsale.

HÉSIODE

Né (au VIIIᵉ s.), ou, en tout cas, nourri dans son enfance à Ascra, en Béotie, Hésiode, que certains croient antérieur à Homère, mais qui vécut sans doute près d'un siècle après lui, mena, jeune, la vie d'un petit propriétaire cultivateur, faisant paître son troupeau au pied de l'Hélicon, et composa deux grands poèmes didactiques : *les Travaux et les Jours,* préceptes moraux et traité pratique d'agriculture et de navigation, et *la Théogonie,* généalogie des dieux et des héros, avec leurs amours, leurs luttes, les traditions sacerdotales et populaires.

Hésiode est un paysan pratique, qui vise d'abord à être utile : il prêche le travail, la patience, la prudence ; il a le goût du réel. Son œuvre, un peu sévère, écrite en ionien mêlé d'éolien, vaut par des descriptions techniques et drues, par la solidité familière de l'expérience, par la concision sentencieuse. Les anciens faisaient si grand cas de ses vers qu'ils les donnaient à apprendre par cœur à leurs enfants et qu'on les grava dans un temple qui avait été élevé aux Muses sur l'Hélicon. Virgile, dans ses *Géorgiques,* se glorifie d'avoir

pris pour modèle le « vieillard d'Ascra ». Plus près de nous, l'*Enfer* de Milton offre des traits si frappants de ressemblance avec la guerre des dieux contre les Titans qu'on ne peut douter que le poète anglais se soit inspiré d'Hésiode.

SAPHO

Les genres lyriques grecs se distinguent à leur début non par le fond, mais par la forme (versification et musique).

L'ode (ou chanson) est composée de strophes et accompagnée par le *barbitos,* sorte de lyre plus haute que la lyre ordinaire et munie généralement de quatre cordes.

L'ode, qui chante l'amour et les plaisirs de la table, Aphrodite et Bacchus, a pour principaux représentants Alcée, Sapho, tous les deux de Lesbos, et Anacréon de Téos (VIᵉ s.).

Alcée, contemporain de Sapho, dont on rapporte même qu'il fut épris, a composé des hymnes et des odes d'une extrême licence, dont il ne nous reste que des fragments très brefs, conservés par les rhéteurs.

Sapho (Sapphô), née vers 620, morte vers 565, a groupé autour de son nom d'innombrables légendes. Elle semble avoir dédaigné l'amour d'Alcée, mais avoir participé avec lui à la lutte patriotique menée par le poète contre le tyran de Lesbos, Pittacos, ce qui la fit bannir de Lesbos vers 596 et l'obligea de vivre pour un temps en Sicile. Tout le reste appartient à la Fable, notamment l'amour éperdu qu'on lui prête pour un batelier de Mytilène, le beau Phaon, qui resta insensible à ses

ardeurs, et qui fut cause, dit-on, qu'elle mit fin à ses jours en se précipitant dans la mer du haut du promontoire de Leucade. On a avancé aussi, sans nulle preuve, qu'elle aurait aimé d'amour des jeunes femmes : il paraît plus probable que les poèmes, dont il reste des fragments, adressés à Anactoria de Milet, à Gongyla de Colophon, à Eunice de Salamine, à Atthis, à Mnasidicé, trahissent l'amitié ardente que portait la Mytilénienne à des jeunes filles ou à des jeunes femmes affiliées alors en confréries ou hétairies, et qui cultivaient près d'elle la poésie et la musique.

Des fragments de Sapho nous ont été conservés par Aristote, Plutarque, Athénée, Stobée, Macrobe, Longin, Denys d'Halicarnasse ; deux poèmes seulement paraissent entiers : l'*Ode à la bien-aimée,* imitée par Catulle et traduite par Boileau, et l'*Ode à Aphrodite,* toutes deux écrites en strophes et vers appelés « saphiques », dans un mètre que le Latin Horace fit passer avec tant de succès dans ses odes.

Le genre où cette poétesse de génie excella particulièrement est l'épithalame, ou chant d'hyménée ; les vers qui nous en restent comptent parmi les plus beaux que la contemplation de la nature et l'amour aient inspirés à la muse antique. Voici comment Sapho caractérise la fraîcheur de la jeunesse et de la beauté : « Comme la douce pomme rougit sur l'arbre haut, au sommet de la plus haute branche, les cueil-leurs l'ont oubliée ; non, ils ne l'ont pas oubliée, mais ils n'ont pu l'atteindre... » Et elle compare, dans un autre fragment, la femme abandonnée à elle-même à

Scène extraite du film « Électre », de Michael Cacoyannis.

« Électre », jouée par la troupe du théâtre du Pirée au théâtre des Nations.

La littérature

ces fleurs des champs dont nul ne prend souci : « Telle l'hyacinthe que les bergers foulent aux pieds dans les montagnes, la fleur empourprée reste gisante sur la terre. »

Les reliques de Sapho nous aident à comprendre le mot de Solon, cité par Stobée ; Solon, entendant un jour l'un de ses neveux réciter un poème de Sapho, s'écria : « Je ne serais pas content si je mourais avant de savoir ce morceau par cœur. »

L'AMOUR, LE VIN ET LA GAIETÉ

Anacréon de Téos, qui florissait en Ionie à la fin du VIe siècle, à la cour du tyran de Samos, Polycrate, avant d'être attiré à Athènes, à la mort de Polycrate, par Hipparque, puis d'aller mourir à Abdère, a célébré l'amour, le vin, la gaieté insouciante, la paresse voluptueuse, en des odes d'une élégance très pure, dont il ne subsiste que quelques vers épars : fragments qu'on ne saurait confondre avec les *Odes anacréontiques,* apocryphes, publiées par Henri Estienne en 1574, et moins encore avec les poésies françaises du genre « anacréontique », dont un bon juge a pu dire : « Parce qu'il avait existé à Téos, 540 av. J.-C., un poète qui aimait le vin et les femmes, et qui a chanté tout ce qu'il aimait en une simplicité pleine de grâce, nos poètes français, bien longtemps après Anacréon, inventèrent une chose qui ne ressemble pas plus à Anacréon que le peintre Boucher ne ressemble à Titien... Anacréon, dont le mètre est si exact et la grâce si peu verbeuse, ne se doutait pas que, tant d'années après sa mort, il donnerait naissance à cette détestable école de poésie, toute remplie de fleurs, de bergers, de parfums, de guirlandes de roses, de petits dieux aux yeux bandés, aux ailes étendues. »

L'ïambe, l' « arme de la rage », a dit Horace, qui n'est pas toujours strictement accompagné de musique, a pour principal représentant Archiloque de Paros (VIIe s.), poète violemment railleur et satirique, dont il ne nous reste que quelques rares fragments.

L'élégie, caractérisée par le distique et accompagnée par la flûte (aubos), fut utilisée par le patriote Tyrtée (seconde moitié du VIIe s.), le mélancolique Mimnerme de Colophon (fin du VIIIe s.), Théognis de Mégare et Solon d'Athènes. La poésie chorale, enfin, consistait en chants interprétés par des chœurs d'amants et accompagnés d'un véritable orchestre de flûtes et de cithares, et dont les principaux étaient le péan (chant joyeux en l'honneur de Dionysos), l'épinicie (chant de triomphe en l'honneur des vainqueurs aux grands Jeux), l'hymne (à la gloire d'un héros, que le chœur chantait sans doute au son de la seule cithare).

Le chœur antique dans « Œdipe-Roi », de Sophocle. Théâtre d'Épidaure.

PINDARE

Les principaux lyriques furent : Stésichore, d'Himère en Sicile (fin du VIIe s.), Simonide de Céos et son neveu Bacchylide (VIe s.), et surtout Pindare (518-438). Né près de Thèbes, appelé à la cour d'Hiéron, tyran de Syracuse, et à celle d'Alexandre Ier de Macédoine, Pindare, auteur d'épinicies rangées en quatre livres (*Olympiques, Pythiques, Isthmiques* et *Néméennes*), surpasse tous ses rivaux par la variété introduite dans ce genre, où avec une incomparable souplesse il célèbre tour à tour les circonstances de la victoire, les Jeux eux-mêmes et leurs origines, le vainqueur, sa race et son pays, et les dieux qui ont permis la victoire.

Ces poèmes, qui exaltent la force et la mesure, l'amour du plaisir, la haine de l'ennemi, et dont la versification est sans cesse renouvelée, valent par la puissance de l'imagination, l'ampleur majestueuse ou gracieuse du développement, la hardiesse et les brillantes images d'un style riche et sonore, parfois difficile à force d'allusions. Pindare passait aux yeux des Grecs et des Romains pour le prince des poètes lyriques.

Après les guerres médiques, Athènes, qui avait déjà pris une place éminente dans les lettres sous les Pisistratides, devint la capitale littéraire de la Grèce. La tragédie et l'éloquence s'y développèrent, avant de s'épanouir pleinement avec la comédie, l'histoire, la philosophie au siècle de Périclès. C'est l'âge attique.

ESCHYLE

Née du lyrisme choral, transformée en dialogue par Thespis, la tragédie, consacrée d'abord au seul culte de Dionysos, emprunte bientôt ses sujets à toutes sortes de légendes, tout en gardant de ses origines sa structure, qui mêle le chœur aux acteurs et le chant au dialogue ; elle comprend une scène d'exposition, ou prologue, l'entrée du chœur, ou parode, des actes, ou épisodes, séparés par un chant du chœur, et la sortie finale du chœur et des acteurs, ou exode.

Le premier en date des grands poètes tragiques fut Eschyle (vers 525-456), qui prit part à la bataille de Marathon, où s'illustra son frère Cynégire, et qui, couronné 52 fois dans les concours drama-

Une scène d' « Œdipe-Roi »,
à la Comédie-Française.

tiques, se retira sur la fin de sa vie en
Sicile, où il mourut, à Géla.

Des 90 pièces qu'il a écrites, 7 subsistent, dont la plus fameuse, *les Perses*,
a pour thème la défaite de Xerxès à
Salamine. La tragédie d'Eschyle est
encore toute proche de ses origines :
simple (peu de péripéties, mais un tableau) et lyrique (le chœur y tient une
place considérable et est lié à l'action).
Les caractères n'y sont pas fouillés,
mais dessinés à traits puissants. L'inspiration est dominée par deux grandes
idées : celle de la fatalité et celle de
la colère des dieux jaloux, ou némésis,
qui s'abat sur tout homme voulant s'élever trop haut : de là les malheurs de
Xerxès.

Le style d'Eschyle, joignant le sublime
au familier, est riche d'images et de
mots sonores, et parfois d'un dialogue
serré dont les répliques s'entrecroisent
comme dans Corneille.

LE SIÈCLE DE PÉRICLÈS

Le premier des quatre grands siècles littéraires de l'Occident fut celui de Périclès, comparable par bien des côtés au
siècle de Louis XIV, ne fût-ce que parce
qu'au nom du dictateur d'Athènes est
associé le nom de sa maîtresse, l'intelligente Aspasie de Milet, comme le
reste à celui de Louis le Grand le nom

de la spirituelle et mordante Mon-
tespan.

Périclès, qui voulut le Parthénon, fut le
protagoniste et le grand maître des
artistes de son temps, le professeur de
l'éloquence athénienne, le protecteur
des lettres.

A la date de 445 av. J.-C., au moment
où Périclès vient de consolider la puissance de sa patrie, et lorsqu'il se propose de rendre Athènes digne de son
nom et de sa gloire, il avait quarante-
neuf ans. Autour de lui se rangeaient
son maître Anaxagore et le philosophe
Zénon d'Elée. Eschyle venait de mourir.
Sophocle (cinquante ans) était l'ami, le
commensal et le collègue de Périclès
(ils avaient fait ensemble l'expédition
de Samos). Euripide était l'admirateur
de Périclès. Hérodote a trente-neuf ans,
Thucydide vingt-cinq. Aristophane, qui
n'a que sept ans, et Alcibiade sont les
enfants de la maison. Phidias, qui en a
quarante-huit, est l'ami de Périclès
après avoir été celui de Cimon.

Lorsque arrivent Sophocle et Périclès,
qui sont à quelques mois près du même
âge, « la Grèce est dans Athènes et
Athènes est dans la lumière ». L'épée
de Marathon, la rame de Salamine ont
dissipé l'ombre de l'Asie. Les innombrables et serviles armées de Xerxès se
sont brisées contre l'héroïsme d'une
poignée d'hommes libres, à l'avant-
garde desquels se trouvent les Athéniens. Athènes règne sur la mer. Tréso-

rière armée de la Grèce, elle puise dans
les trésors de ses alliés et ne rend
compte qu'aux dieux des largesses auxquelles elle les fait servir. Au-dedans,
un peuple qui est une élite, qui règne
sur lui-même en se gouvernant, une
démocratie que la loi mène et dont les
tumultes mêmes sont une harmonie.
Périclès commande par l'intelligence et
par l'éloquence; la persuasion est sa
seule puissance. L'Acropole, c'est-à-dire
la ville haute d'Athènes, se couronne
des merveilles de la main humaine : le
Parthénon, ou temple de la Vierge Mi-
nerve, dite Pallas Athéné, les Propylées, le temple de la Victoire Aptère,
l'Erechthéion. Pour la première fois, la
perfection se dévoile. La ville se transforme en un immense atelier, où des
tribus d'artistes coulent le bronze,
taillent le marbre et l'ivoire, cisèlent
l'or. Phidias est l'âme de cette renaissance, ou plutôt de cette grande naissance. Lorsqu'il eut terminé cette statue
de Zeus d'Olympie qui, selon l'expression d'un contemporain, « augmenta la
piété publique », il demanda au dieu
s'il était content de son œuvre, et Zeus,
dit-on, manifesta son approbation d'un
coup de tonnerre. Polygnote couvre le
Pœcile de fresques qui ont les colora-
tions de la chair.

LE TRAVAIL EST UN ART

Athènes, à côté de ce musée sublime,
construit sa littérature immortelle. Hérodote lit aux jeux Olympiques les neuf
livres de son *Histoire* qui portent les
noms des neuf Muses. Hippocrate fonde
la médecine sur l'observation de la
nature. Anaxagore conçoit un « esprit »
qui de l'atome à l'étoile inspire l'ordre
du monde. Socrate, qui erre déjà par
les rues et carrefours d'Athènes, jette
sur les passants son filet de questions
subtiles. Les abeilles de l'Hymette, à en
croire la légende, volent sur les lèvres
de Platon enfant.

Le travail est un art, le culte une fête,
l'éducation une initiation facile et
joyeuse. L'enfant naît sur les genoux de
la Muse; sa pensée s'éveille au son des
grandes lyres; il apprend à lire dans
l'Iliade. Le gymnase fortifie son corps,
que les danses des cérémonies embel-
lissent. Il est prêt à prononcer sur l'autel le serment des éphèbes : « Je ne
déshonorerai point ces armes sacrées,
je ne quitterai point celui auprès duquel
j'aurai été rangé dans le combat. Je
combattrai pour les dieux et pour la
patrie, seul et avec une armée. Je ne
laisserai pas la patrie plus petite que je
l'aurai trouvée, mais plus grande. J'en
atteste Agraulé, Engalios, Arès, Zeus,

La littérature

Thallo, Auxo, Hégémoné. » Une douceur libérale pénètre l'atmosphère d'Athènes. Au centre de la ville s'élève l'autel de la Pitié. L'esclave, familier de son maître, converse et rit avec lui. Les animaux eux-mêmes, à en croire Platon, semblent des animaux libres : « Ils vont fièrement par les rues, heurtant sans gêne celui qui ne se range pas. »
L'atticisme naît de lui-même sur cette terre féconde, dont il est la fleur. Une mesure exquise régit la cité : elle y règle tout, depuis les proportions des temples jusqu'aux figures des discours. « Rien de trop », cet oracle de Delphes est la loi d'Athènes. « Nous aimons, disait Périclès, le beau sans faste, et le plaisir sans mollesse. »

SOPHOCLE

Sophocle, qui succède à Eschyle, comme l'homme au Titan, est le type accompli du génie attique. Sa vie, presque séculaire, remplit exactement la plus belle époque de la Grèce, pareille à un fleuve tranquille qui ne traverserait que le jardin d'une contrée.
Sa vie est aussi parfaite que son œuvre. A seize ans, sa beauté le fait choisir pour conduire le chœur des adolescents qui, après la victoire de Salamine, dansèrent le péan autour des trophées érigés sur la plage. Son visage de vierge le désigne aussi pour représenter dans une tragédie homérique la belle Nausicaa jouant à la balle avec ses compagnes au bord des lavoirs.
A vingt-cinq ans, Sophocle composait sa première tragédie. Cimon, entrant au théâtre pour offrir à Bacchus les libations prescrites, lui décerne le prix des Grandes Dionysiaques. A quatre-vingt-dix ans, il terminait son dernier chef-d'œuvre. Il avait remporté vingt fois le premier prix, quarante fois le second, jamais le troisième. On sait qu'à la fin de sa vie son fils légitime, Iophon, réclama l'interdiction du vieillard, comme s'il était tombé en enfance, pour avoir fait inscrire à la phratrie un fils naturel. Sophocle se défendit en lisant au tribunal une scène d'Œdipe à Colone : il lui suffit, pour gagner sa cause, de montrer à ses juges le visage d'Antigone en pleurs.
Une légende se forma après sa mort, autour de son nom. On disait qu'une prière de lui avait détourné les vents de la peste qui dévastait la ville. On disait qu'un de ses hymnes chanté sur un navire en péril avait calmé la tempête. Esculape, le dieu de la Médecine, traversant l'Attique, avait choisi pour y

dormir le toit de Sophocle. L'épitaphe inscrite sur sa tombe, où l'on sacrifiait tous les ans, ressemble à une jonchée de fleurs réunies par les mains d'un peuple :
« Rampe paisiblement, ô lierre! sur le tombeau de Sophocle, couvre-le, dans le silence, de tes rameaux verdoyants! Que partout on voit éclore la tendre rose; que la vigne chargée de grappes les courbe autour de son mausolée, pour honorer la science et la sagesse de ce poète harmonieux, aimé des Muses et des Grâces! »
Enumérer les œuvres tragiques qui restent de Sophocle, c'est énumérer autant de chefs-d'œuvre : *Ajax, Electre, les Trachiniennes, Philoctète, Œdipe-Roi, Œdipe à Colone, Antigone.*

Un acte de foi.

Pour la première fois, sur le théâtre, l'homme se trouve substitué aux colosses et réagit contre le destin. Les dieux apparaissent sous des traits nouveaux, non plus rigides et farouches comme les vieilles idoles, mais rayonnants de bonté et de majesté. Le théâtre de Sophocle est un acte de foi et de piété. « La piété, dit Hercule dans *Philoctète*, est la seule chose que les hommes emportent avec eux, et qui n'est jamais perdue ni dans la vie ni dans la mort. » Cette grandeur morale est revêtue d'une forme parfaite, et l'émotion s'accroît de sa mesure même. La force s'y mêle à la grâce. Le lyrisme, qui dans Eschyle débordait, n'ouvre chez Sophocle ses ailes que dans les chœurs. On y croirait entendre les voix d'en haut, des oracles sortis d'un autel, des instruments de consolation et de calme : ainsi la harpe de David endormait les fureurs de Saül.
Il faut lire tout Sophocle, et particulièrement la trilogie d'*Œdipe-Roi, Œdipe*

à *Colone, Antigone.* Mais qui ne les a pas lues, même à travers les adaptations modernes, contemporaines, qui ont défiguré, amoindri un poète que Racine, lui, se garde d'imiter, et pour cause? Qui ne connaît l'interrogatoire immortel où une jeune fille, substituant hardiment sa conscience aux lois, demande à la justice des hommes de la reconnaître sans l'absoudre. Antigone, non point l'Antigone filiale qui guidait par la main son vieux père aveugle, mais l'Antigone funéraire qui a, malgré le tyran, donné la sépulture au corps de son frère, est là devant Créon, toute poudreuse des rites funèbres : « Connaissais-tu l'édit que j'ai proclamé?
— Comment ne l'aurais-je pas connu?
— Et tu as osé l'enfreindre? »
Ici sort des lèvres d'Antigone la plus haute parole qui ait retenti dans le monde antique :
« C'est que ni Zeus ni la justice, concitoyenne des dieux infernaux, ne l'avaient promulguée. Et je n'ai pas cru que les édits puissent l'emporter sur les lois non écrites et immuables des dieux, puisque tu n'es qu'un mortel. Ce n'est pas d'aujourd'hui, ce n'est pas d'hier qu'elles existent; elles sont de tous les temps, et personne ne peut dire quand elles ont commencé. Devais-je donc, par crainte des ordres d'un homme, mériter d'être châtiée par les dieux? Je sais que je dois mourir un jour, comment l'ignorer? Même sans ta volonté, et si je meurs avant le temps, ce sera pour moi un grand bienfait. Et comment la mort me paraîtrait-elle une peine, dans l'abîme de maux où je suis tombée? Ç'en eût été pour moi une bien plus cruelle si j'avais laissé sans sépulture le cadavre du fils de ma mère. Voilà ce qui m'eût désespérée, le reste ne m'afflige point. Et si je te semble avoir agi follement, peut-être suis-je accusée de folie par un insensé. »

Hippocrate. **Socrate.** **Platon.**

Euripide.

En haut et à droite : « les Troyennes », d'Euripide. Deux scènes d'une représentation au théâtre Récamier.

La littérature

Ces lois, antérieures et supérieures à toutes les règles terrestres, ces lois innées qui résident dans le sanctuaire des âmes justes, une vierge grecque les révèle au monde.

EURIPIDE

Contemporain de Sophocle et son rival, Euripide, fils d'un cabaretier et d'une marchande d'herbes, athlète dans sa jeunesse, condisciple de Socrate, représente non plus une Grèce idéale et presque divine, mais une Athènes inquiète et troublée. La gloire lui fut tardive, presque posthume : cinq de ses tragédies (sur 75) furent couronnées. Marié deux fois, malheureux en ménage et misogyne, c'était aussi un farouche misanthrope. Une tradition veut qu'il ait composé ses pièces dans un antre sauvage, près de Salamine. A soixante-huit ans, il quitta Athènes pour se retirer à Pella, où l'avait appelé le roi de Macédoine Archélaos. Il mourut, dit-on, déchiré par une troupe de chiens affamés, un jour qu'il errait dans la campagne, et fut enseveli à Pella. Avec Euripide, le scepticisme entre sur la scène; il dévirilise les héros, se moque des dieux; ses personnages sont souvent des rhéteurs ou des sophistes. « J'ai peint les hommes tels qu'ils devraient être, disait Sophocle, et Euripide tels qu'ils sont. » Aristophane, homme du passé, épris des traditions, a, dans *les Grenouilles,* persiflé Euripide, s'est moqué des guenilles de ses rois-mendiants, de ses interminables monologues, de ses amplifications un peu faciles.

Euripide n'est point, certes, de la grande race poétique d'Eschyle ou de Sophocle, mais il vient immédiatement après eux. Il ressemble à Pédasos, le troisième cheval du char d'Achille qui n'était pas de sang divin comme les deux autres, Xanthos et Balios, mais qui, dit Homère, « suivait pourtant les coursiers immortels ».

Son très grand mérite propre est d'avoir permis que la vie du dehors fît irruption dans le temple. La nature humaine entre avec lui sur la scène. Il la dévoile sous tous ses aspects, fait crier ses souffrances, défaillir ses caractères, saigner ses plaies. Les femmes surtout sont incomparables chez cet auteur qui faisait profession de les haïr, et qui, à travers tant de froides satires et d'épigrammes injurieuses, a créé les plus touchantes héroïnes. C'est par là qu'il plut à Racine.

Ni l'Iphigénie d'*Iphigénie à Aulis,* ni l'Andromaque des *Troyennes,* ni la Phèdre d'*Hippolyte couronné* n'ont été oubliées par le tragique français. Euripide, le premier, n'a-t-il pas porté sur scène, et dans toute son ardeur, cet amour qu'en avaient banni comme trop chargé de faiblesse Eschyle et Sophocle? De la passion qu'il alluma dans le cœur de Phèdre a jailli l'inextinguible flamme qui dévore, depuis des siècles, tous les théâtres du monde. Atteinte « jusqu'aux moelles de l'âme » du mal secret d'Aphrodite, et misérable jouet de sa puissance, Phèdre qui, quand elle apparaît, écartant d'une main languissante des voiles importuns, en une fiévreuse foi demande à boire, et, de son lit brûlant, se retourne vers une vision d'eaux vives et de frais ombrages n'est, au fond, qu'une malade ne pouvant guérir que par les charmes et les philtres d'une entremetteuse ou d'une sorcière.

C'est par cette face humaine et profonde de son génie, par ses facultés émouvantes qu'Euripide a séduit la postérité. Il a le pressentiment de la charité chrétienne : « L'esclave vaut l'homme libre, a-t-il écrit, s'il est homme de bien. » Et la Pythie le proclama un jour « plus sage que Sophocle, moins sage seulement que Socrate, le premier des hommes en sagesse. »

ARISTOPHANE

Les idées troublantes et les cris plaintifs d'Euripide énervaient les âmes qu'avaient exaltées Eschyle ou ennoblies Sophocle. Périclès mort, la rhétorique et les arguties des sophistes soufflèrent comme un vent malsain sur Athènes. On scruta les mystères, on discuta les dieux. Les jeunes gens désertèrent les luttes de la palestre pour l'escrime de la dialectique. Un amour infâme déprava l'amitié. Athènes paya des mercenaires pour combattre en place de ses fils. Déjà les grandes catastrophes prochaines et lointaines : Aigos-Potamos et Chéronée, se profilent sur l'horizon.

C'est dans cette Athènes qui dégénère que la comédie d'Aristophane s'élança, son fouet d'ïambes à la main, combattant l'hydre renaissante du Nombre, glorifiant la paix en pleine guerre, bafouant les démagogues, déchirant sous les dents du rire les utopies... Ayant pour idéal le temps des guerres médiques, l'Athènes d'Eschyle, le grand moqueur tente de ramener l'âge d'or du civisme et de la vertu. Dans *les Acharniens* et dans *la Paix,* il s'élève contre les calamités de la guerre funeste du Péloponnèse. Dans *Lysistrata,* il prône le rétablissement de la paix par l'amour. Dans *les Cavaliers,* il s'en prend au démagogue Cléon, le charcutier, stratège malgré lui. Dans *les Nuées,* il donne une caricature cruelle de Socrate, qu'il confond avec les sophistes. Il s'élève dans *Plutus* contre la toute-puissance de l'or, dans *les Grenouilles* contre Euripide. Dans *les Oiseaux,* dégoûté des hommes, il se délivre de la terre mauvaise par une féerie sublime. Nul écrivain au monde n'a eu plus de génie, non, pas même Shakespeare, que ce grand polémiste de la scène, qui rassemble tous les extrêmes dans sa souplesse ondoyante, qui allie la force à la grâce et la violence à la vénusté. L'agilité du style d'Aristophane est étourdissante. Un mime qui, dans le tournoiement de sa danse, changerait cent fois d'habit et de masque, en don-

Aristophane.

« Les Oiseaux », d'Aristophane, par la troupe
du théâtre d'Athènes. Théâtre des Nations.

nerait l'image. Il passe, en un instant,
du dithyrambe à l'idylle, de l'adoration
à la dérision, de l'enthousiasme au
cynisme. Il peut célébrer les dieux
comme Pindare, les guerriers comme
Tyrtée, insulter ses adversaires comme
Archiloque. Ses comédies, qui en-
chantent l'élite et font sourire Platon,
font aussi pouffer les tripiers, s'esclaffer
les marchandes d'herbes. L'obscène y
voisine avec la fantaisie exquise. L'or-
dure s'y mêle avec l'ambroisie.

Son style est tout nerf et tout feu, sa
verve vole. Il a l'étincellement perpé-
tuel, autant de cordes à la lyre que de
lanières à son fouet, une abondance
extraordinaire. Une joie immense emplit
son théâtre : il reluit d'allégresse.

« Aristophane, a écrit Saint-Victor, est
un Satyre heureux et joyeux, jailli du sol
attique, bouillant de sa sève, en accord

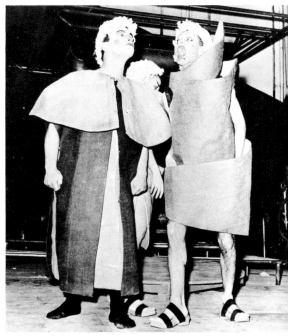

Scène d'une pièce de Michel
Parent : « les Oiseaux »,
d'après Aristophane.
Théâtre des Arts, Paris.

parfait avec lui, qui peut tout oser et
tout dire, étant sûr de faire rire les
hommes et les dieux. »

SOCRATE ET PLATON

Aristophane n'avait pas eu tort de s'en
prendre aux sophistes ; il eut seulement
celui de prendre Socrate pour un
sophiste.

Il n'était pas sans doute sans excuses.
Aujourd'hui, nous ne voyons Socrate
que nimbé d'une lumière idéale, transfi-
guré par le martyre, s'endormant dans
une mort sublime. Les contemporains qui
le coudoyaient chaque jour l'envisa-
geaient autrement, et beaucoup le trouvaient très suspect.

*A gauche : « les Nuées »,
à la Comédie-Française.*

137

La littérature

Sa laideur choquait tout d'abord un peuple épris de beauté : avec son front abrupt, ses yeux à fleur de tête, son nez camus, sa barbe hirsute et son ventre enflé, Socrate ressemblait à Silène. Son accoutrement sordide eût pu convenir à Diogène le Cynique. Platon lui a prêté les ailes et la musique divine de son style, mais sa conversation était prosaïque, farcie de trivialités. Que voulait, pensait-on, cet homme errant et oisif, qui courait les marchés, les boutiques des barbiers, les maisons des courtisanes, les gymnases, sans autre but que de converser et de discourir ? On le voyait, embusqué sous les portiques, comme un voleur d'âmes, arrêter les jeunes gens, les prêtres, les stratèges, les juges au passage pour les torturer de sa dialectique.

Par une série de questions captieuses, Socrate acculait son interlocuteur à un terme absurde, le laissait inerte et convaincu d'ignorance ou de niaiserie. Platon lui-même a comparé au contact de la torpille l'effet engourdissant de son ironie.

Le vrai, c'est que Socrate, « citoyen du monde », érigeant sa morale au-dessus des lois, proclamant sa conscience seul juge du bien et du mal, affranchissait le devoir des ordres des dieux ou des préceptes de la tradition : le « démon de Socrate » lui interdisait, dit-il, de se mêler aux affaires de la Cité, l'invitait à se tenir à l'écart des fonctions publiques.

On ne peut pas ne pas observer que la plupart de ses disciples, Alcibiade en tête, trahirent ou opprimèrent leur patrie. Théramène et Critias devinrent les chefs de ces trente tyrans qui décimèrent Athènes au profit de sa rivale Sparte. Xénophon lui-même tourne vite au condottiere mercenaire, se met à la solde des Perses, puis déserte dans le camp de Sparte et combat, à Chéronée, contre sa patrie.

Le malheur d'Aristophane est de n'avoir pas deviné, dans celui que Zénon appelait « le bouffon d'Athènes », l'un des maîtres de l'humanité future. En diffamant Socrate, il a servi son temps, mais il a aussi offensé l'avenir. Le Socrate qu'admirent Montaigne, Voltaire, Lamartine, Michelet et Renan est le Socrate embelli, mais vrai, de son disciple Platon, de ce Platon l'enchanteur qui faisait rêver Verlaine « sous l'œil clignotant des bleus becs de gaz » et qui mérita l'épithète de divin.

Platon, qui rencontra Socrate vers l'âge de vingt ans, c'est-à-dire vers 427, brûla aussitôt les tragédies qu'il avait écrites adolescent, pour s'attacher à la philosophie. Dégoûté des affaires de l'Etat, il était malade quand son maître but la ciguë, et n'assista pas à ses derniers moments. Socrate disparu, Platon voyagea beaucoup, connut l'Egypte, Cyrène, l'Italie, la Sicile, revint à Athènes en 388, retourna en Sicile, écrivit et mourut fort âgé en 346.

Nul philosophe ne fut un artiste tel que lui. Ses Traités sont des dialogues où de jeunes disciples de Socrate, Charmide, Lysis, Phèdre, dont Taine, dans ses Essais de critique et d'histoire, a peint le charme juvénile, s'opposent aux sophistes. On y voit aussi, plus âgés, un Phédon, un Criton, un Théétète, chacun avec son caractère et ses traits, un Alcibiade, qui, dans le Banquet, fait de Socrate le plus magnifique éloge que jamais on ait fait d'un homme.

Platon est un poète dramatique extraordinaire qui sait faire parler comme ils parlaient un Aristophane ou un Agathon, et dont l'art, quand il parle lui-même, semble absent tant il est naturel. Nul n'a jamais composé de tableaux plus émouvants que celui de la promenade des dieux et des âmes au séjour des Idées dans le Phèdre, ou, dans le Banquet, le revirement de l'âme en présence du beau absolu.

HÉRODOTE ET THUCYDIDE

Si grands que soient Sophocle, Aristophane, Platon, un tableau du siècle de Périclès ne serait pas complet s'il n'y figurait Hérodote d'Halicarnasse, le « père de l'Histoire » (480-424), dont les neuf livres consacrés chacun à une Muse, sous le titre d'Histoire, c'est-à-dire d' « Enquête », rapportent une grande partie des légendes et du folklore des peuples qu'il avait visités. Une tradition, contée par Lucien, veut qu'aux jeux Olympiques de 446 Hérodote ait lu son œuvre au milieu de l'enthousiasme. Il n'en a sans doute lu qu'une partie, mais toute l'œuvre est d'un art pittoresque remarquable, et pleine d'une aisance charmante.

Thucydide, lui (460-395 environ), né dans l'Attique, se montre, dans son Histoire de la guerre du Péloponnèse, non un conteur fleuri et flottant, mais l'impartial témoin, épris d'exactitude, d'une grande lutte. Sa composition est serrée, son récit rapide, un récit qui n'exclut pas des tableaux d'ensemble fort précis, comme celui de la peste d'Athènes.

Le siècle de Périclès est un grand siècle, et le secret de sa grandeur, qui se trouve dans le Parthénon et les chefs-d'œuvre littéraires, a rencontré pour le célébrer une voix merveilleuse, celle, dans la Prière sur l'Acropole, de Renan.

DÉMOSTHÈNE

Après la mort d'Alexandre le Grand, Athènes est dépossédée de la primauté littéraire : Alexandrie, Rhodes, Pergame (aux IIIe et IIe s.), Rome plus tard, deviennent des centres d'attraction.

Un grand tribun et un ardent patriote, Démosthène (384-322), avait pourtant tout fait pour maintenir la primauté d'Athènes. Fils d'un armurier, orphelin à sept ans, peu doué d'abord pour l'éloquence, il s'exerça patiemment et devint un orateur accompli. Après avoir lutté contre Philippe de Macédoine et prononcé contre lui les Philippiques, puis les Olynthiennes (pour engager les Athéniens à secourir Olynthe menacée), il présida, après le désastre de Chéronée, à la reconstruction des remparts d'Athènes, obtint l'éviction et le bannissement du prévaricateur très éloquent Eschine, mais, accusé lui-même de s'être laissé soudoyer et déclaré coupable par l'Aréopage, il fut condamné et s'enfuit. Il revint l'année suivante, à la mort d'Alexandre, souleva la Grèce, mais après la défaite, cerné dans le temple de Poséidon à Calaurie (Argolide), il s'empoisonna pour échapper à Antipater, gouverneur de la Macédoine.

Aristote.

Ses discours valent par une éloquence chaude et directe, qui excelle à embrouiller habilement les faits pour persuader et convaincre. Ses phrases rythmées, tantôt amples, tantôt saccadées, doivent beaucoup au travail. Cicéron le regardait comme le plus grand orateur ancien.

LA PÉRIODE ALEXANDRINE

La période alexandrine voit renaître les anciens genres : poésie lyrique, didactique, épique. L'érudit et précieux Callimaque chante la *Chevelure de Bérénice*; Aratos compose un poème astronomique, *les Phénomènes,* et un poème sur la météorologie, *les Prognostiques;* Apollonius de Rhodes écrit la froide et brillante épopée des *Argonautiques.*

Le seul grand poète est Théocrite, de Syracuse (vers 315 - vers 250), qui, revenu à la cour de Ptolémée Philadelphe, compose des *Idylles,* « petits poèmes imagés », dont les uns sont des scènes de la vie populaire ou bourgeoise (mimes), les autres des tableaux de la vie pastorale : œuvres d'un art savant, qui n'exclut pourtant ni l'observation familière ni le naturel.

Parmi les émules de Théocrite, il faut citer Bion et Moschos, auteurs d'idylles gracieuses, et, plus personnel, Hérondas (milieu du IIIe s.), qui écrivit des mimes pittoresques et d'un art qu'à bon droit on peut dire réaliste.

Au IIe siècle, un historien, Polybe (202-120), fait la transition entre la période alexandrine et la période romaine. Cet Arcadien, acclimaté à Rome où il avait été amené comme otage après la défaite de Persée, écrit non sans prolixité, mais avec un louable souci d'impartialité, l'histoire de la conquête romaine, de la seconde guerre punique et de la réduction de la Grèce en province romaine.

LA PÉRIODE ROMAINE

Après la conquête romaine, la littérature grecque compte encore des noms notables.

Au Ier siècle av. J.-C., on peut citer les historiens Denys d'Halicarnasse et Diodore de Sicile, et le géographe Strabon. Le siècle des Antonins offre une renaissance considérable de l'hellénisme avec le philosophe stoïcien Epictète, esclave phrygien affranchi par Néron et dont un disciple, Arrien, recueillit et publia les *Entretiens,* qu'il résuma aussi dans un *Manuel,* et avec un autre stoïcien, celui-là empereur, Marc Aurèle, auteur d'un austère recueil de *Pensées;* avec le rhéteur Dion Chrysostome; avec les his-

Plutarque.

toriens Appien et Dion Cassius, rédacteurs chacun d'une *Histoire romaine;* avec le voyageur Pausanias, et sa minutieuse *Description de la Grèce.*

Deux noms dominent la période : Plutarque et Lucien.

Plutarque, de Chéronée (45? - 122?), homme simple et doux, bon père de famille et bon « archonte » de sa petite ville, écrivit des *Vies parallèles* des Grecs et des Romains illustres, et un grand nombre de petits traités (œuvres « morales ») sur toutes sortes de questions, et la savoureuse traduction d'Amyot l'a rendu plus populaire en France, aux XVIe et XVIIe siècles, que tout autre écrivain ancien.

Quant à Lucien, de Samosate en Syrie (125? - 200?), il écrivit plus d'une centaine de dialogues (*Dialogues des morts, Dialogues des dieux,* etc.), où est prodiguée, dans un style plein d'atticisme, la féconde fantaisie marquée au IIIe siècle.

La littérature grecque brille encore d'un vif éclat au IVe siècle avec les Pères de l'Eglise, dont le plus éloquent, saint Jean Chrysostome (347-407), est, par l'abondance, la variété, la force des pensées et des images, l'un des plus grands orateurs qui furent jamais.

LITTÉRATURE GRÉCO-BYZANTINE

Les lettres grecques connaissent, à Byzance, deux périodes heureuses : l'une, aux IXe et Xe siècles de notre ère, avec l'*Anthologie* dite *Palatine* de Céphalas, qui rassemble de délicieuses épi-

grammes; l'autre au XIIIe siècle, où s'épanouissent, sous l'influence des croisades, des romans de chevalerie en vers, dont le plus célèbre est *Callimaque et Chrysorrhoé.*

La première édition de l'*Anthologie* publiée à Florence en 1494 révéla au monde occidental moderne les trésors de la poésie mineure des Grecs, inspira en France les meilleurs poètes de la Pléiade : Ronsard, Baïf, Belleau, Du Bellay, puis au XIXe siècle la grande prose de Chateaubriand et celle de Saint-Victor, qui les appelle les *canzones* de la Grèce, les poètes parnassiens : Gautier, Banville, Heredia, Plessis et le charmant Jules Tellier, qui, célébrant le charme du recueil, a écrit : « Il y a dans l'*Anthologie* de courtes pièces qui portent cette inscription : *adélou,* « d'un « inconnu ». Elles ne se composent souvent que de deux ou trois vers et je veux vous en citer une.

« Hier, une jeune fille m'a baisé sous « l'étoile de Vesper, avec des lèvres « humides. C'était du nectar que son « baiser, car sa bouche sentait le nec- « tar; et je suis ivre du baiser, ayant « bu un nombreux amour. »

« Il n'a poussé qu'un soupir, l'inconnu « qui a écrit ces vers, mais ce soupir a « traversé les âges, et voici qu'il nous « donne encore la notion du divin... »

L'empire byzantin disparu, la littérature grecque subsiste, liée à une tradition qui, pendant presque cinq siècles (1453-1820), tiendra lieu de nation, tout en contenant l'annonce d'une création moderne.

La littérature

LITTÉRATURE GRECQUE MODERNE

Le mouvement d'indépendance hellénique entraîne une véritable révolution dans la prose et la poésie. Cette révolution part des îles Ioniennes, où Solomos et Calvos libèrent la poésie lyrique et épique de ses traditions archaïsantes et permettent à Athènes de redevenir la capitale littéraire de la Grèce. La prose, avec Jean Psichari, l'auteur du manifeste *Mon voyage* (1888), s'oriente vers le vulgarisme ou populisme. Puis Palamas (1859-1943) élargit les formes du lyrisme, et Christomanos crée en 1901 la « scène nouvelle », qui réagit contre le purisme. A la suite de la Première Guerre mondiale fleurit le genre du roman et de la nouvelle avec des écrivains comme Kastanakis, Venezis ou Terzakis. Plusieurs poètes apparaissent, tels Sikelianis, Kazantzakis — qui fut également un prosateur — et Georges Séféris, qui devait recevoir le prix Nobel de littérature en 1963. Après la Seconde Guerre mondiale, on voit le surréalisme, avec Elytis, envahir la poésie, l'art scénique se perfectionner, la critique sous toutes ses formes s'organiser, bref, et en un siècle et demi, la littérature grecque moderne aller du régional au national, enfin au XXe siècle du national à l'universel. La Pallas de l'Acropole a élargi son front raisonnable et puissant.

Jean Psichari.

Nikos Kazantzakis.

Georges Séféris.

Odysséas Elytis.

Une répétition au théâtre d'Epidaure.

La musique

Joueuse d'aulos. Coupe attique.

Aède ionien.

Joueuse de cithare.

Des citharodies et des aulodies organisées à Delphes en l'honneur d'Apollon Pythien aux manifestations de la musique stochastique, stratégique ou symbolique auxquelles Yannis Xenakis nous convie, la musique n'a jamais cessé d'être l'une des expressions majeures du génie hellénique.
Ce qui n'a rien que de très légitime au pays d'Orphée, fût-ce en un temps où l'on y affirme que l'âme est un dieu déchu!
Mais la Grèce est la terre des contrastes, et la musique demeure liée à chaque heure de son existence comme une confidente ou un témoin.

« Depuis que j'ai appris à jouer du *santouri*, affirme Alexis Zorba, je suis devenu un autre homme. Quand j'ai le cafard ou que je suis dans la purée, je joue du *santouri* et je me sens plus léger. Quand je joue, on peut me parler, je n'entends rien, et même si j'entends, je ne peux pas parler... »
Telle est, en Grèce, la présence de la musique au cœur de la vie quotidienne. Ce qui sous-entend un folklore d'une exceptionnelle richesse.

UN FOLKLORE MULTIPLE

Synthèse des éléments de la musique antique et des influences orientales, les chants et danses qu'on a pu recueillir de la Macédoine à la Crète constituent une somme d'une incroyable variété, à laquelle ne participent que très exceptionnellement (dans les îles Ioniennes notamment) les caractéristiques occidentales. En dehors du violon et de la clarinette, les instruments eux-mêmes sont nouveaux pour le touriste habitué aux traditionnelles guitares, et c'est avec intérêt qu'il découvrira tour à tour le luth (ou le *bouzouki*, qui en est une variété), la *lyra*, la *pípiza* (sorte de hautbois aigu, comparable au *tenor* catalan), la *floïera* (flûte oblique de l'Epire), la *dzamara* (flûte droite en bois) ou le *santouri* (sorte de cymbalum, provenant sans doute d'Asie Mineure). Comme la musique a son rôle dans toutes les manifestations de la vie, réjouissances, fêtes, mariages, déplorations funèbres, chants de métier ou complaintes d'absence ou de solitude, il n'est pas rare que des musiciens professionnels constituent un groupe de trois ou quatre instrumentistes parcourant le pays pour répondre à l'appel des villageois et pour animer les mélodies, dont les rythmes à 5/8, 7/8 ou 9/8 sont également caractéristiques. Entre les vifs *pidiktos*, danse masculine originaire des montagnes, et les lents *syrtos*, originaires des îles et régions côtières, se situe une gamme très étendue de danses toujours savoureuses, dont certaines (la *soustra*, le *serra* ou le *tsakonikos*) peuvent remonter à la plus haute antiquité. (On y cherchera en vain le *sirtaki*, qui est à la danse grecque ce que le toréador est à la corrida...)
A ces chansons conçues sur des rythmes dont les plus connus sont le *kalamatianos*, le *tsamikos*, le *ballos*, le *patitos* ou le *zeimbekito*, s'opposent les chansons à rythme libre, comme les

La musique

chansons cleftiques, les mirologues (complaintes funèbres comparables aux *voceri* corses) ou les *amanés*, d'origine turque, dans lesquelles la mélodie se pare d'une couleur modale qui est souvent prétexte à des variations chromatiques étrangères aux seuls modes majeur et mineur européen.

D'un pentatonisme quelque peu archaïque à la seconde augmentée typique des mélopées orientales, les thèmes reflètent alors la complexité d'une origine qui est encore mal définie et qui pourrait parfois se réclamer de la musique religieuse byzantine.

A rappeler cependant que, d'un village à l'autre, le style de la musique populaire prend une nouvelle physionomie; on comprend que le département folklorique du Conservatoire d'Athènes soit d'une exceptionnelle importance.

DES FOLKLORISTES À L'AVANT-GARDE

Cette richesse du folklore devait naturellement amener les premières générations de compositeurs à s'en inspirer à la fois dans des commentaires ou des harmonisations libres, et dans une optique qui en faisait la base d'une sorte de néo-classicisme de l'avenir.

Après les tâtonnements de l'« école ionienne », encore imprégnée d'italianisme, Manolis Kalomiris et Petro Petridis ont été attentifs à conférer à ces thèmes populaires une parure vraiment nationale dont les *36 danses grecques* de Skalkottas, les *Rythmes grecs* de Poniridy, la *Suite pour violon* de Constantinidis, ou les *Danses chantées* de Papadopoulos devaient tenir compte. De son côté, Dimitry Levidis, naturalisé français, préférait au folklore les modes grecs antiques dont toute son œuvre semble découler (*Divertissement, Symphonie mystique*, etc.).

Jusqu'au moment où les révisions successives des problèmes musicaux se sont imposées à l'esprit des créateurs, les apôtres de ce pèlerinage aux sources n'ont cependant pas eu le temps de faire œuvre utile, puisque, ne l'oublions pas, l'activité musicale en Grèce ne date que que d'un demi-siècle...

Mais il était indispensable que ce bilan fût dressé pour qu'entre l'oratorio byzantin *Saint Paul*, de Petridis, le drame *Sainte Barbe*, de Varvogli, et la prodigieuse *Deuxième Suite symphonique*, de Skalkottas, la musique grecque d'expression traditionnelle prenne place dans le concert. Elle s'y maintient aujourd'hui à tous les étages, depuis les

Joueurs de *lyra* et de luth, lors d'un mariage en Crète.

symphonies de Papaloannou et de Jani Christou jusqu'aux musiques d'ameublement de Manos Hadjidakis (musiques de scène, pour Aristophane, et de film, pour *Jamais le dimanche*), Prodromidès *(les Perses, Et mourir de plaisir, Amitiés particulières...)* et Mikis Théodorakis *(Zorba le Grec).*

Et c'est également aux plus hardis de ses compositeurs que la Grèce doit déjà de pouvoir prétendre à un rang honorable dans la musique de demain. A cet égard, l'œuvre de Nikos Skalkottas pourrait s'imposer d'emblée à tous les auditeurs curieux de l'expression contemporaine si l'on en connaissait d'autres titres que la seule *Quatrième Suite pour piano* révélée par le disque. Disciple de Schönberg, avec lequel il travailla de 1927 à 1931, Skalkottas n'avait pas tout dit quand il mourut à quarante-cinq ans, laissant un grand nombre de partitions qui témoignent d'un des plus généreux tempéraments lyriques. (Ses amis mettent actuellement un point d'honneur à les faire connaître.)

Egalement disciple de Schönberg, Charilaos Perpessas, fixé aux Etats-Unis, y représente le dernier mot de la musique sérielle, tandis que les recherches de Xenakis relatives à un nouveau développement spatial de la musique y trouvent déjà, comme en Europe, la plus large audience.

« La musique est, en pensée, unifiée aux sciences », déclare l'auteur des *Diamorphoses*. Prêchant d'exemple et partant du principe que le hasard peut se construire, Xenakis s'est successivement appuyé sur le calcul des probabilités pour réaliser sa *Musique stochastique*, sur la théorie des jeux pour sa *Musique stratégique* et sur la théorie des ensembles et la logique mathématique pour sa *Musique symbolique*. Dès *Metastasis* (1953), il inaugurait le principe d'une charnière entre la musique classique (y compris sérielle) et la musique formalisée, et après avoir renouvelé les possibilités des instruments traditionnels, s'en remettait aux calculateurs électroniques et demandait à l'ordinateur IBM 7090 de la place Vendôme de définir les mouvements, leur durée, leur densité et « d'une manière plus générale, l'ensemble des éléments de la composition » de *ST 10* ou d'*Eonta.*

Xenakis a fréquemment cherché à s'expliquer dans des manifestes, et même dans un livre *(Musiques formelles)*, qui contiennent malheureusement des idées musicales auxquelles les mathématiciens n'ont pas accès, et des problèmes mathématiques que les musiciens ne pourront jamais résoudre! Isolons ces quelques mots qui semblent résumer sa pensée : « L'art doit viser à entraîner par des fixations repères vers l'exaltation totale dans laquelle l'individu se confond, en perdant sa conscience, avec une vérité immédiate, rare, énorme et parfaite... »

Les vacances

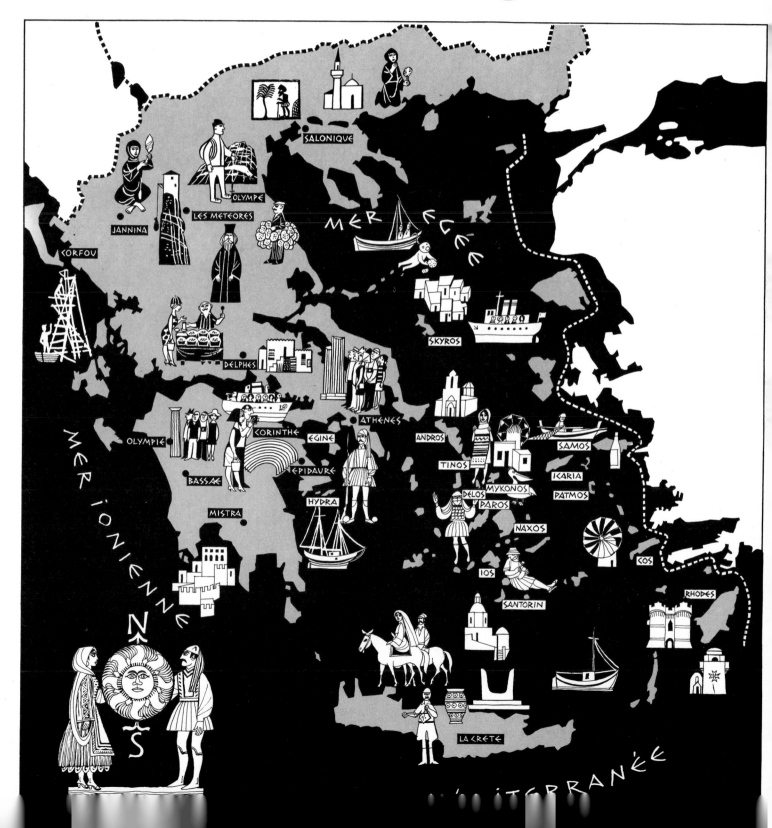

La Grèce, le plus « vacances » des pays de l'Europe du soleil, séduit instantanément.

Comment échapper au plus admirable mariage de pierres et d'eaux, généreusement offert, sous une lumière d'un éclat qui ne se rencontre nulle part ailleurs? Comment échapper à cette proverbiale hospitalité grecque qu'on découvre dès les premières rencontres?

On se laisse prendre, bien sûr. Et on a vite fait de s'apercevoir que le charme qui opère en Grèce possède les qualités les plus rares.

Route dans la plaine d'Amphissa.

Embarquement de touristes, à Corfou.

Estivants dans une rue de Mykonos.

Le secret de cette séduction est que cette terre a su demeurer à la taille de l'homme malgré les bouleversements de l'histoire et la succession des modes : une vertu qui n'est plus tellement fréquente dans la vieille Europe. Voilà pourquoi la Grèce est capable de combler tous les désirs, pourquoi elle peut, avec le même bonheur, satisfaire celui qui l'aborde la tête pleine de réminiscences scolaires, comme celui qui ne veut être qu'un flâneur désœuvré. Tous deux sont ses fils.

N'imaginez pas la Grèce comme un pays du bout du monde, loin des techniques modernes et de ce que nous appelons le « confort ». Ne pensez pas non plus le trouver partout; vous seriez déçu. Acceptez de voir le passé cohabiter avec la réalité quotidienne. N'hésitez pas à vivre selon l' « heure grecque », autrement dit dans un temps sans mesure, un temps bouleversé, qui vous laisse disponible pour tout, et qui fait de chaque événement une fête.

A ces conditions, vous goûterez dans un des plus merveilleux sites du monde la meilleure façon d'être en vacances, c'est-à-dire d'être libre.

LA ROUTE N'EST PLUS UNE AVENTURE

Est-ce un bien, est-ce un mal? L'automobile est désormais un des premiers mots du vocabulaire des vacances. Prenons donc la route, elle est moins mauvaise qu'on ne le dit.

En choisissant la voiture, risque-t-on de compromettre sa liberté? La question se pose, car la Grèce a eu longtemps mauvaise réputation en matière de réseau routier. Il convient de dire maintenant que cette vérité appartient au passé. Les grands itinéraires (ceux, par exemple, qui relient les grandes villes entre elles) n'ont souvent rien à envier aux routes françaises, voire à certaines autoroutes. Bien entendu, sur des routes secondaires, si vous avez choisi d'atteindre un petit village dont la remontée touristique n'est pas, comme on dit, de première grandeur, vous risquez peut-être d'avoir la surprise de vous retrouver sur une route qui n'est pas macadamisée. La belle affaire! Vous roulerez moins vite, et le paysage prendra des séductions qu'il ne peut pas avoir quand on tente de battre des records de vitesse ou quand il n'est

Pêche à Samos. Au fond, la côte de Turquie.

pas possible de ralentir sans perturber gravement la circulation.

Alors, prenez votre mal en patience : c'est vous qui serez gagnant. La route, en Grèce, n'est plus une aventure.

Du moins une aventure décevante, capable de gâcher votre séjour. Mais, ici comme ailleurs, prendre la route c'est ouvrir le chapitre de l'imprévisible.

La panne mécanique (qui est à déconseiller partout) n'a rien de dramatique si elle survient sur une route grecque. Elle risque tout au plus d'être très longue. Incompétence des mécaniciens ? Non, ils ne sont pas plus malhabiles que les autres. Mais si vous n'avez pas adopté l' « heure grecque », eux, par contre, l'ont assimilée depuis leur plus jeune âge. Alors, prenez votre mal en patience.

Si la panne vous surprend loin d'un mécanicien, ne vous imaginez ni isolé ni perdu. On peut toujours et partout compter sur la serviabilité des gens. Sans même vous avertir, quelqu'un partira chercher l'homme de l'art. Pendant ce temps, vous serez invité à vous installer au frais, à vous reposer, à vous restaurer. Laissez-vous faire. L'incident mécanique n'a pas toujours ce côté aimable.

En ville, l'existence de « zone bleue » est la preuve que les problèmes qu'on aura à affronter ne sont pas entièrement nouveaux. Un phénomène qui n'est pas typiquement grec appelle une remarque, pourtant. On roule dans le style méditerranéen : respect nuancé du code, interprétation abusive du bon droit, rehaussé souvent d'une fantaisie

toute personnelle. Prévenu, vous ne devriez pas en subir les conséquences. Autre réalité : comme dans tous les pays où le soleil permet de vivre dehors, la route n'est pas le domaine des seuls automobilistes. Pensez-y !

LE BATEAU EST UNE OBLIGATION

L'avion, le bateau, le chemin de fer vous achemineront vers la Grèce ; vous choisirez selon vos goûts, vos moyens, vos désirs. Mais sur place, comment en user ?

Le train n'est pas une solution à dédaigner. Sans doute, autour de son point d'attache il est préférable de rayonner en voiture ou en autobus (les services de cars sont nombreux). Mais si la distance est un peu plus longue, le chemin de fer est un moyen de transport pratique et rapide, surtout depuis la mise en service d'autorails confortables. L'avion, sur les lignes intérieures, est un luxe accessible aux porteurs de devises étrangères. Des lignes relient quotidiennement Athènes aux principales villes de Grèce et aux plus grandes îles.

Et le bateau ? Comment ne pas lui accorder la place la plus importante dans un pays qui ne compte pas moins de 1 425 îles, dont le littoral s'étend sur 15 000 kilomètres et dont aucun point n'est à plus de 90 kilomètres de la mer ?

Quand on est en Grèce, il faut, une fois au moins, se donner l'occasion de prendre le bateau. C'est une obligation, c'est une décence, c'est un plaisir. Et puis c'est ridiculement bon marché...

Ne vous laissez pas dérouter par l'horaire. Deux heures d'avance ou quatre heures de retard ne doivent pas vous décourager. Tous les départs, toutes les arrivées sont des fêtes, et naviguer ne sera jamais aussi simple qu'un horaire de banlieue.

A bord, on voyage en compagnie d'un étonnant mélange de gens, de bêtes et d'objets, comme seulement en Grèce on sait le faire. Le paysan a l'attitude du grand seigneur, le fonctionnaire l'élégance du gentleman, le marin la noblesse du héros. Les volailles et d'autres animaux domestiques s'agitent bruyamment, sans que personne y prête attention. Caisses, balluchons, valises, paniers, sacs, malles s'entassent dans tous les coins. Fouillis fascinant, lancé sur la mer entre Le Pirée et les Cyclades, petit univers en réduction, finalement simple et jamais vulgaire.

On peut également, si l'on préfère les moyens plus classiques du tourisme, connaître la joie de naviguer en Grèce

**Plage de
Port-Alipa,
Paléokastritsa.
Ile de Corfou.**

en faisant une courte croisière. En été, plusieurs compagnies organisent des périples vers les îles, petits voyages qui durent de deux à cinq jours, et qui vous emportent vers ces endroits où l'on respire la douceur même de vivre.

N'allez pas en Grèce sans prendre, d'une façon ou de l'autre, contact avec la mer. Elle est l'âme du Grec.

DU PALACE AU MONASTÈRE

L'hôtellerie grecque est peut-être la plus moderne d'Europe. C'est la rançon d'un retard considérable et l'illustration de la sagesse, qui veut que les derniers soient les premiers.

Se loger, en été, à Athènes ou dans le

Chevaux à Hydra.

Péloponnèse par exemple, n'est plus un problème insoluble. Retenir, c'est néanmoins ce qu'exige la prudence.

Depuis 1960, un nombre considérable d'hôtels ont été construits. L'Office national du tourisme hellénique (E.O.T.) et l'initiative privée ont multiplié leurs efforts. Des installations modernes et confortables, dans des sites soigneusement choisis, assurent maintenant la réputation de l'hôtellerie grecque. Les établissements construits par l'Office du tourisme portent en grande majorité le nom de « Xenia », mot grec qui signifie « hospitalité ».

Du plus luxueux au plus modeste, l'accueil dans les hôtels grecs est généralement simple et courtois. On vous rendra toujours service avec le sourire.

Le long des routes très fréquentées commencent à se multiplier les motels. En moyenne, ils peuvent héberger une centaine de personnes et abriter de 30 à 50 voitures. Presque tous sont dotés d'une station-service.

Depuis quelques années, le village de vacances connaît un développement considérable. Après celui de Corfou, qui fut le premier, il en surgit un peu partout. Certains sont fidèles à la tente, d'autres sont construits en dur, et tous possèdent leurs installations propres de sports, leur plage, leur piste de danse, etc.

L'été surgissent aussi des terrains de camping ; relais où peuvent stationner plusieurs jours les automobilistes itinérants.

Outre les organisations de jeunesse, les associations, les auberges, les clubs, on peut, en Grèce, se loger chez l'habitant. Ne dédaignez pas cette formule si vous souhaitez connaître les véritables parfums du terroir. C'est une approche qui vous condamne sans doute à la rusticité, mais elle a l'avantage d'être la plus authentique. Dans plus de cinquante villages, sur l'initiative de la Fondation royale nationale, des chambres meublées sont aménagées chez des particuliers. Ces villages ont été choisis en raison de leur intérêt touristique. Ailleurs, il est fréquent de pouvoir trouver à se loger chez l'habitant ; fréquent, pour ne pas dire partout.

Enfin, on vous dira peut-être que les monastères grecs offrent logement et nourriture aux visiteurs. C'est vrai. Ne

Les vacances

tournez pas le dos si l'occasion se présente. N'attendez rien d'autre que la simplicité et la frugalité. L'essentiel vous sera offert ou donné contre une modeste rétribution. C'est une expérience qui n'est plus tellement fréquente ailleurs. Faites-la en Grèce, mais, attention!, si hommes et femmes trouvent habituellement asile partout, dans les monastères du Mont-Athos seuls les hommes y ont accès ; encore doivent-ils être munis d'une autorisation du ministère des Affaires étrangères.

LES CHOIX SONT TOUS BONS

La carte de Grèce est couverte de noms célèbres. Ils pullulent littéralement. Terre des dieux et des héros, vous êtes guetté à tous les pas. Mais, encore une fois, le quotidien et le passé y sont si harmonieusement mêlés que nulle part vous n'aurez le sentiment insoutenable des choses mortes qui vous attendent. Néanmoins vous irez à elles ; on ne croise pas la Beauté sans sentir le besoin de lui rendre hommage.
La Grèce est formée d'une myriade de petits mondes secrets, avec leurs arts, leur culture, leur folklore. Les gens du Péloponnèse ne ressemblent pas à ceux de Macédoine ou de Thessalie. La Thrace est différente de l'Epire. Aucune île ne rappelle les autres : la Crète est aussi dissemblable de Rhodes que Santorin l'est de Mykonos ou de Chio. Depuis l'ère chrétienne, les rivalités de province à province se sont éteintes. L'histoire leur a forgé depuis longtemps un destin commun, et, pourtant, entre elles, le contraste est frappant.
Alors ? Quelle Grèce faut-il voir ?
Faut-il délaisser les repères géographiques pour suivre les grandes stratifications de l'histoire ? La Grèce minoenne, mycénienne, préhistorique, classique, hellénistique, gréco-romaine, byzantine, moyenâgeuse, turque ?
Rassurez-vous, quel que soit votre choix, il sera le bon. En quelque point qu'on l'aborde, la terre grecque est « vacances », et, à partir de là, vous disciplinerez vos curiosités, car elles viendront en foule. Maintenant, si vous portez en vous une Grèce modelée sur vos souvenirs d'histoire et de littérature qui datent du lycée, ne vous défendez pas de préférer d'abord Olympie à Sparte, ou Delphes à Athènes.
La seule attitude qui convienne, c'est de faire de ses vacances en Grèce, au-delà des conseils, une aventure personnelle. Elle ne peut être que passionnante.

LA FRAÎCHEUR DES MATINS DU MONDE

Ne voyez donc pas dans le rapide survol de la Grèce qui va suivre un quelconque classement mystérieux pour emporter votre préférence. Il fallait un ordre, c'est celui-là. Un autre aurait tout aussi bien fait l'affaire.
On a souvent dit, non sans raison, que l'Attique et sa capitale Athènes donnaient une assez bonne vision de la Grèce en général. C'est effectivement un résumé : la montagne, des vallons et des plaines verdoyants au printemps, quand l'eau n'est pas trop rare, et la mer toute proche, bien sûr.
Au centre de l'Attique, Athènes règne en reine incontestée. Capitale du royaume de Grèce depuis 1834, sa longue histoire en fait la plus vieille capitale du monde encore vivante aujourd'hui. C'est là qu'est né le « miracle grec », et, dans la ville moderne qu'on découvre, on retrouve les traces de sa singulière histoire. Le faste des périodes heureuses comme les marques des temps difficiles sont toujours visibles.
De prime abord, Athènes pourrait déconcerter : cité immense qui a dévoré ses faubourgs, agglomération qui s'étire sur 25 kilomètres, elle n'apparaît pas plus originale qu'une quelconque grande ville méditerranéenne. Même l'Acropole et les colonnades de ses temples, qui semblent se promener au-dessus des toits, surprennent quand on les aperçoit au détour d'une rue.
Mais dès qu'Athènes commence à offrir ses trésors, on est pris. Ils portent des noms que nul n'ignore : le Parthénon, les Propylées, l'Athéna Niké, l'Erechthéion, le théâtre de Dionysos, le Stade, etc. Une longue liste qui, pourtant, ne rebute jamais. Et parmi ces trésors, d'extraordinaires musées et les souvenirs romains, byzantins et francs. C'est toute la fraîcheur des matins du Monde qui vous est proposée. C'est la beauté inaltérable, fruit d'une grande sagesse, qui vous est offerte. A vous d'en saisir les secrets et d'en retenir les leçons.

A gauche : yacht dans une crique de Corfou.

Ci-contre : la piscine du ferry-boat Brindisi-Corfou-Patras.

Touristes sur l'Acropole.

Avant de parcourir l'Athènes moderne, allez la contempler du haut du Lycabette. Vous la découvrirez au pied des principales hauteurs de l'Attique, obligée, pour grandir, de fuir vers l'est et le nord. En ville, soyez franchement métèque (le sont tous ceux qui ne sont pas d'Athènes), laissez-vous porter vers le vieux quartier de Plaka, au pied de l'Acropole, flânez dans le centre entre la place Omonia et la place Syndagma, allez voir les evzones devant le monument du Soldat inconnu (les Grecs disent qu'ils sont là pour ça), jetez un coup d'œil au Palais royal, reposez-vous dans le Jardin national, perdez-vous dans les rues et regardez vivre les Athéniens; le marchand d'éponges, le vendeur de billets de loterie et le garçon du café ne doivent pas être les seuls avec qui vous bavarderez.

LE SABLE BLOND DES PLAGES

Le bord de mer est pratiquement aux portes d'Athènes : c'est Le Pirée. Et, aujourd'hui, Le Pirée c'est Athènes. Une fois dépassé le grand port de la Grèce commence l'Akti Apollon (la Côte d'Apollon), un des paradis de la Grèce continentale. Les Grecs en parlent comme d'un de leurs joyaux. Jusqu'à Vouliagmeni, c'est une succession de plages au sable fin, de petits ports où des embarcations de tous genres dansent sous la brise légère. Belles villas, grands hôtels scintillent très avant dans la nuit. Dans les tavernes et les restaurants typiques, dans la tiédeur des nuits d'été, on va déguster des poissons délicieusement préparés, des fruits de mer et des crustacés du golfe Saronique.

Un peu partout des équipements modernes vous permettent de pratiquer tous les sports en plein air. Vouliagmeni, sur sa presqu'île plantée de pins, est un des sites les plus remarquables de l'Akti Apollon. La nature et l'homme semblent s'être ligués pour atteindre une sorte de perfection.

Mais juste après, brusquement, le paysage change. Les habitations s'espacent et la côte prend un aspect sauvage, un style plus libre. Le bleu intense de la mer joue plus aisément avec les couleurs de la côte : le gris ou le rouge des rochers, le vert éclatant des bouquets d'arbres et le sable blond des plages. Les petites îles qui émergent sont autant de points de repère de chasse et de pêche. Les stations portent les noms de Lomvarda, Varkiza, Anavyssos, Lagonissi, Legrena, et, tout au bout de l'Attique, Sounion, où, sur le rocher du cap, se dresse dans toute sa gloire le temple de Poséidon.

Où que vous ayez choisi de résider en Attique, même si les visites des grands sites archéologiques ne sont pas inscrites dans les toutes premières lignes de votre programme, n'hésitez pas à vous y rendre. C'est Daphni (le lieu des lauriers) et son église byzantine, la Voie sacrée, Eleusis et le rite secret de la déesse Déméter, c'est Marathon et la fameuse bataille, Salamine, autre souvenir guerrier, c'est encore le mont Pentélique, l'Hymette, le mont Parnès, pour ne citer que les endroits les plus célèbres. Chaque fois, vous découvrirez, dans un cadre différent, un bois, un bord de mer, une plaine, le sommet d'une colline, un lieu qui vous semblera prendre des dimensions nouvelles. Après une courte (ou longue) visite, vous irez vous délasser dans le café ou la taverne proche, ou vous succomberez aux charmes des petites rues de l'agglomération voisine. Vous serez toujours en vacances.

Plage et acropole de Lindos. Ile de Rhodes.

Les moulins du
port de Rhodes.

Ilot-restaurant à Rhodes.

Caïques, à Del‹

Port de Mykonos.

LE VOISINAGE DES HÉROS

Est-ce encore la Grèce continentale? La question se pose depuis 1882.

A cette époque on a, en effet, dans l'isthme de Corinthe, percé le canal auquel on songeait déjà au temps de Néron. Le Péloponnèse est devenu une île.

Mais cette coupure, qui ressemble à une entaille dans un gâteau de miel, n'a rien changé, sinon qu'elle a raccourci le chemin entre l'Adriatique et la mer Egée. Le Péloponnèse est resté la terre des héros légendaires de la Grèce.

Leur voisinage ne gêne en rien les vacances, au contraire. Le Péloponnèse, Morias comme l'appellent les Grecs, en raison de sa ressemblance avec une feuille de mûrier, est une terre tourmentée, dont l'aspect change constamment. Ce sont des pentes rocheuses couvertes de buissons de chênes verts, de bouquets de plantes dont le parfum devient plus intense au fur et à mesure que le soleil devient plus chaud, ce sont des montagnes qui s'abaissent pour rejoindre la terre des plaines, ce sont les cultures de mille couleurs qui éclatent entre la blancheur des villages, ce sont les arbres qui bordent les rivières, et toujours la mer à l'horizon.

Chaque vallée, chaque montagne, chaque cap a son climat propre et son histoire. Il y a à Mycènes une grisaille dans l'air qui rappelle la tragédie de la turbulente famille des Atrides. Argos, dans un site verdoyant, a un air de jardin potager, comme Corinthe, dont une des renommées, mondialement connue, est d'avoir des vignes qui donnent des raisins sans pépins. Sur Olympie et son bois sacré, l'Altis, plane une grande sérénité, celle qu'on atteint sans doute par l'alliance du corps et de l'esprit, puisque, durant les fameux jeux Olympiques, on ne fêtait pas seulement les athlètes, mais les écrivains et les artistes; ici rôdent les ombres de Pindare, de Platon et d'Hérodote. De l'orgueilleuse Sparte, il ne demeure presque rien, mais, tout près, Mistra regorge de souvenirs byzantins et francs (la ville fut fondée par Guillaume de Villehardouin).

La conquête franque du XIIIe siècle a laissé des traces, même dans la toponymie: le village d'Andravida tire son nom d'Andreville, Khlémontsi vient du Clairmont des Villehardouin. En revanche, le port de Monemvasie a donné son nom à un vin dont notre Moyen Age raffola, le vin de Malvoisie. En vacances dans le Péloponnèse, vous choisirez de résider sur le littoral. Les plages sont nombreuses et généralement bien équipées pour accueillir les voyageurs. On retiendra, dans les environs de Corinthe, Loutraki, grande station balnéaire moderne qui exploite aussi des sources minérales vantées pour les maux d'estomac et les rhumatismes, ou Pallas, un petit village dont la plage immense a conservé des aspects sauvages. Plus au sud, soit Nauplie, soit Tolon; la première est une station très tranquille, aux charmes un peu désuets, dont le titre de gloire est d'avoir été la capitale de la Grèce moderne en 1829; la seconde est une plage de vocation familiale. Au sud, dans le golfe de Messénie, Kalamai et sa très belle plage, une ville faite de jardins. Sur la côte ouest, à la hauteur d'Olympie, Loutra Kaïafa, qui est aussi une station thermale (on y soigne les maladies de peau depuis l'Antiquité); Katakolon, dans un site remarquable; Loutra Kyllini et Olympic Beach, plages magnifiques face à l'île de Zante. Enfin, dans les environs de Patras, troisième port de Grèce, des stations comme Dervéni ou Kiaton, ou encore Xylokastron, dont la plage est réputée l'une des plus belles de toute la Grèce.

LES ROBINSONS DANS LES ÎLES

Maintenant, il vous est facile de jouer les « ascètes » dans les îles qui partent de l'Attique et qui entourent le Péloponnèse. Dans certains villages, vous pouvez redevenir des Robinsons: il n'y a pas encore le téléphone, la route passe assez loin, on n'y voit jamais une voiture. On paresse sur de petites plages désertes, on pêche, on chasse ou on passe de longues heures en bateau. Ces îles se nomment Salamine et Egine; après un passé tumultueux, elles proposent un présent paisible. Poros est un centre estival dont les petits lacs, bordés de forêts de pins, font le charme; Hydra abrite une annexe de l'Ecole des beaux-arts d'Athènes, et elle est devenue un centre d'artistes et d'écrivains; Spetsai, très prisée, connaît des estivants célèbres (l'armateur Niarchos y possède une propriété); Cythère, un nom de vacances par définition, ne répond pas à l'idée gracieuse qu'on se fait de la terre d'élection d'Aphrodite; Zante est toujours vantée pour la douceur de son climat, pour ses oliviers et ses vignes; Céphalonie, qui fut vénitienne, française, turque, anglaise, a conservé de magnifiques forêts; Ithaque, enfin, dont Ulysse fut roi, reste belle par son âpreté. Le choix est large.

LE « CENTRE » DU MONDE

Vers le Péloponnèse, vers l'Attique, vers les îles de la mer Egée, où que l'on choisisse de résider pendant ses vacances, on passera par Delphes. C'est plus qu'une obligation, c'est inévitable. Delphes est le centre du monde. Une pierre, l'*omphalos* (ombilic), le symbolisait pour les Anciens.

Dans ce coin de montagne grandiose et âpre, il reste quelque chose de l'effroi divin qui a fait courir toute la Grèce. Delphes fut le haut lieu de l'esprit grec, le plus sacré peut-être.

Aujourd'hui, on découvre des ruines se mariant admirablement avec la nature tourmentée qui les entoure. On l'a dit souvent, mais c'est vrai, les pierres

En haut, à gauche :
le pélican
de Mykonos.

En haut, à droite :
échelle
de Psychro.
Crète.

En bas, à gauche :
port de l'île
de Symi.

En bas, à droite :
plage
de Phalère.

semblent avoir gardé le souvenir des temps où la Pythie rendait l'oracle en écoutant Zeus parler par la voix d'Apollon. Le « nid d'aigle » n'était pas seulement un lieu sacré, Delphes était également une sorte d'O. N. U. des cités-Etats grecques. Cela explique peut-être le miracle de ce qu'on a réussi à construire dans un site aussi escarpé. Ces ruines des temples, des trésors, du stade, du théâtre sont le plus impressionnant fouillis de toute la Grèce.

Dans le voisinage de Delphes, les sportifs seront sans doute tentés par l'ascension du Parnasse. Qu'ils prennent garde ! la course n'est pas facile et un bon guide est indispensable.

Maintenant, vous pouvez passer des vacances au bord de la mer, pas très loin du centre du monde. En Grèce, la mer n'est jamais loin. Face aux côtes nord du Péloponnèse vous avez le choix entre Itéa, petit port charmant, Amphisa, dominée par un vieux château franc, Nafpaktos, très jolie station balnéaire, plus connue sous le nom de Lépante, et enfin Missolonghi, qu'on aménage et qui promet d'être d'ici quelques années une très grande station. C'est dans cette dernière ville que Byron, qui se voulait champion de l'indépendance de la Grèce, trouva la mort.

LA RUSTICITÉ ÉTONNE ET ENCHANTE

On peut préférer la côte occidentale de la Grèce. C'est avec elle qu'on fait connaissance, d'ailleurs, quand on vient de Brindisi par le car-ferry. Il y a d'abord l'île de Corfou, dont les paysages, le climat, la végétation abondante font un lieu idéal de vacances. C'est le premier bastion du charme grec aux avant-postes de l'Occident. Les curieux du passé y trouveront de quoi satisfaire leurs goûts ; les autres auront mille raisons de considérer leur choix comme excellent. Si l'on aborde sur la Grèce continentale, c'est avec Igouménitsa qu'on aura le premier contact. Mais on n'y séjourne pas, on y passe. On s'enfonce alors dans un pays montagneux et sauvage avec ses villages accrochés sur les pentes, où la manière de vivre a gardé une rusticité qui étonne et enchante à la fois. Sur la côte, au sud d'Igouménitsa, on retiendra Parga, Perdiko et Prévéza. Les années à venir leur feront sans doute perdre rapidement leur charme un peu « bout du monde ».

153

Remorqueur dans le
canal de Corinthe.

Bungalows de la plage
d'Astir. Glyphada.

Mais ne supposez pas cette région loin des disciplines modernes; les hôtels y sont nombreux, confortables, et d'année en année le réseau routier s'améliore. Cinq points principaux attireront l'attention des touristes.

D'abord, il y a Jannina et son lac, une ville dont les quartiers anciens ont un aspect oriental, que viennent renforcer le bazar et la citadelle, dominée par le minaret d'une mosquée. Les promenades autour de Jannina ne manquent pas : le monastère de l'île, la grotte de Pérama, les vignobles de Zitsa (son vin ressemble au champagne), Dodone, où se trouvait le plus ancien oracle de la Grèce continentale, et d'innombrables souvenirs turcs, byzantins, vénitiens et francs.

Arta — un de ses hôtels a été construit à l'intérieur de la citadelle — marque un changement; à partir de là, le paysage et le climat redeviennent méditerranéens. A Amphilochia et dans les environs, tout le long de la baie, on découvre de très belles plages et de pittoresques petits ports où il fait bon vivre.

Lefkas, autrement dit Leucade, est l'île qui se dresse face à la côte. Il est facile d'y jouer au solitaire, mais beaucoup moins simple d'aller voir la falaise (Saut de Leucade) où Sapho se serait tuée. Agrinion, enfin, près du lac Trichonis, un des centres de la culture du tabac en Grèce, clôt le survol de l'Epire et de l'Etolie, dont les paysages variés et changeants s'allient toujours merveilleusement à la mer.

LA FANTAISIE DE L'HOMME ET DE LA NATURE

La Grèce centrale (la Thessalie) et la Grèce du Nord (la Macédoine et la Thrace) étaient demeurées un peu à l'écart de la grande route des vacances jusqu'à ces dernières années. Aujourd'hui, on y trouve les même facilités que partout ailleurs, et les choses ont bien changé.

Cette Grèce continentale est très riche de paysages merveilleux, de souvenirs historiques et de curiosités. Les larges plaines qui courent entre les massifs montagneux sont les plus fertiles provinces du pays. A Kalambaka, à l'ouest, on découvrira la plus remarquable curiosité, sans doute, de la Grèce : les Météores. Une étrange fantaisie de la nature et de l'homme.

Brusquement se dresse une gigantesque barrière de rochers verticaux, bruns et gris-vert. Quand on est assez près, on s'aperçoit de l'existence de coupoles d'églises et de toits de grands bâti-

ments, qui se confondaient de loin avec le granite. On voit des oliviers sauvages, des chênes, des fleurs, toute une végétation, sur les sommets plats des rochers. Certaines bâtisses sont en ruine.

Depuis le XIVe siècle, les monastères des Météores montent cette garde silencieuse entre le ciel et la terre, sur ces plates-formes où, à l'abri des hommes, il devait sembler plus aisé d'adorer Dieu. Des vingt-quatre communautés de moines que l'on comptait encore à la fin du XIVe siècle, quatre seulement survivent aujourd'hui.

En réplique aux Météores (à moins que ce ne soit l'inverse), d'autres monastères se dressent vers le ciel, à l'est, au Mont-Athos. La règle de l'« abaton », vieille de 1060, interdit toujours aux femmes de pénétrer sur le territoire de cette république théocratique dépendant de la suzeraineté du royaume de Grèce. Des trésors artistiques, de riches bibliothèques sommeillent dans d'audacieuses constructions accrochées aux rochers, où vivent toujours des moines barbus et chevelus.

En visitant le Mont-Athos, on découvre des paysages fantastiques, l'extraordinaire population de moines et le complexe organisation des couvents et des rites : cénobites, idiorrythmes, anachorètes, sarabites, gyrovagues.

Du sud au nord, les trouvailles sont tout aussi exaltantes et plus variées : le défilé de la fameuse bataille des Thermopyles, où « contre 300 myriades ont combattu 4 000 hommes du Péloponnèse » ; Volos, un port pittoresque, une ville moderne et ancienne à la fois, qui ouvre la voie vers les plages de Chorefto ; Athios Ionnis, vers la petite île de Trikeri, idéale pour la pêche sous-marine ; Volos, qui permet d'atteindre le massif du Pélion et des stations comme Tsangarada, Kissos et Zagora. Ce littoral et ces villages de montagne, les Grecs les considèrent de plus en plus comme des lieux enchanteurs de vacances.

Après la vallée du Tempé, dont on chante les beautés depuis les temps les plus anciens, on rencontre le massif de l'Olympe. Sur le plus haut sommet siégeait l'aréopage des dieux, sous la tutelle de Zeus. Les simples mortels, aujourd'hui, peuvent presque atteindre le sommet en voiture ; la route s'arrête à 700 mètres en dessous. On peut également y faire du ski. L'Olympe, désormais, appartient aux hommes.

Plus à l'est, il y a Thessaloniki, Salonique si l'on préfère, la deuxième ville de Grèce, la capitale du Nord. Admirablement située, riche de monuments remarquables (l'arc de Galère, la Ro-

Marins anglais visitant l'Acropole.

ON PEUT INVENTER DES VACANCES

Mais le vrai paradis des vacances, en Grèce, ce sont les guirlandes d'îles de la mer Egée.

La beauté des rochers rouge-brun qui surgissent de la mer bleue, la douceur du climat, la blancheur des maisons, le jeu de l'ombre et de la lumière tantôt sur des paysages sauvages, tantôt sur une végétation abondante, tout cela ajoute à votre plaisir ou à votre insouciance. En barque, ou à pied, vous irez à la découverte de criques où vous pourrez nager, pêcher, explorer des fonds marins multicolores. Vous aurez pour vous seul des plages qui ne porteront d'autres traces que celles des oiseaux. Dans les bourgades et dans les ports, vous découvrirez la joie et l'amitié qui peuvent naître de la gentillesse des habitants, dans les tavernes notamment à l'heure de boire ou de manger. Mais cette aventure merveilleuse n'est possible, le plus souvent, que si vous êtes disposé à quelques concessions sur votre confort, car l'aménagement touristique de ces îles est très inégal. Partout, vous trouverez des vestiges du passé, depuis la préhistoire. Même si vous ne vous y intéressez pas en spécialiste, vous y prendrez plaisir.

Alors? Où aller chercher ce dépaysement dans l'espace et le temps, cette douceur de vivre à nulle autre pareille? En Eubée, dans les Sporades, à Skopelos, à Skyros? Plus près de la côte nord de la Grèce continentale, à Thassos, à Samothraki, à Lemnos? Dans les Cyclades, dans l'île sacrée de Délos, lieu de naissance d'Apollon, sanctuaire commun de tous les Hellènes, à Mykonos avec ses moulins et ses églises, à Santorin la volcanique, dont on peut dire qu'elle offre un type de paysages uniques au monde, à Andros, à Tinos, à Naxos? Vers les côtes d'Asie Mineure, Lesbos, Chio, Samos, Patmos, Cos, Rhodes, où aller? Sans parler, bien sûr, de la plus grande des îles grecques, la Crète, à elle seule un univers fascinant avec son passé prestigieux et ses coutumes qui semblent sortir tout droit de la légende.

Que vous préfériez l'hôtel modeste au logement chez l'habitant, que votre séjour soit long ou, au contraire, très court, que vous souhaitiez la proximité du continent, que votre curiosité vous porte plus vers la pêche sous-marine que vers les antiquités, selon vos moyens et vos goûts, vous découvrirez votre île. On vous l'a déjà dit : votre choix sera toujours le bon. En Grèce, on peut encore inventer ses vacances.

tonde, les églises byzantines comme Agios Dimitrios avec quelques-unes des mosaïques les plus célèbres et les mieux conservées), Thessaloniki possède aussi une vieille ville turque, labyrinthe bordé de maisons de bois, véritable cité orientale. Mais elle dresse dans ses faubourgs, au milieu de jardins, de belles maisons neuves. Elle grandit vers la côte orientale, vers les plages de l'Akti Thermaïkou (la côte Thermaïque) : Péréa, Eptivatès, Haghia Trias, Emvolos, Michanomia, qui sont des stations généralement bien aménagées, avec de bons hôtels confortables, et où il est possible de pratiquer tous les sports nautiques, le tennis, le golf et l'alpinisme : la montagne n'est pas loin.

Dans cette Grèce continentale, Kastoria, construite sur une presqu'île qui s'avance au milieu du lac Orestias, offre ses belles maisons patriciennes; Langhada, son extraordinaire coutume, le jour de la Sainte-Hélène, où des membres de la secte de l'Anastenarides dansent pieds nus sur un lit de charbons ardents; on y découvre aussi les lacs Prespes, à l'ouest de Florina, Naoussa et Séli, centres de sports d'hiver, mais aussi réputés pour leurs vins.

155

Les vacances

LE RAFFINEMENT ET LA SIMPLICITÉ

Ne commettez pas l'erreur, *a priori*, de sous-estimer la cuisine grecque. Etre gastronome (tous les Français le sont un peu) vous oblige à l'affronter. Vous aurez de bonnes surprises.

C'est une cuisine méditerranéenne qui a assimilé des influences orientales. Les données majeures, vous vous en doutez, sont rustiques, ce qui n'empêche pas un certain raffinement dans la simplicité. En ouvrant le feu avec les *mezedès* (hors-d'œuvre), on en fait tout de suite l'expérience. A eux seuls, ils peuvent constituer un repas, à la manière des *zakuski* russes. Ils se composent d'une variété considérable de plats : les *kokorètsia*, les tripes en brochette; l'*avghotaracho*, la poutargue délicieusement fumée et séchée ; la *taramosalata*, une sorte de mayonnaise d'œufs de poisson qu'on rehausse avec un jus de citron ; la *lakèrgdha*, le thon confit dans le sel dont la chair crue prend avec l'huile un moelleux admirable ; les *pastourmas*, les viandes fumées d'aspect rugueux, mais d'un goût subtil ; les *kalamariakia*, les calamars, les *gharidhès*, les grosses crevettes ou langoustines, auxquels il convient d'ajouter les *toursia*, salades au vinaigre (mais l'huile d'olive ne manque jamais, comme dans tous les plats) soit de concombres, de poivrons, d'aubergines (préalablement grillées et réduites en purée), de cœurs d'artichaut.

Les *mezedès* sont d'une richesse inépuisable dont on façonne les saveurs, souvent d'un petit rien, suivant les régions. Mais ne leur laissons pas masquer les plats dits « de résistance ». Le mouton, l'agneau, le porc sont les viandes de prédilection ; on les prépare de mille façons. Celles qui auront rapidement vos préférences, ce sont, sans doute, les brochettes : *souvlakia*. Elles ont un parfum qui ne s'exporte pas. Les boulettes de viande, *kèfthèdhès* et *soudzoukakia*, ne manquent pas non plus de goûts inhabituels pour paraître séduisantes ; elles sont souvent faites de viandes différentes et parfois allégées avec des grains de riz.

Il ne faudra pas dédaigner non plus la fameuse *moussaka*, hachis de viande et de légumes, ni le *pastitsio*, dans lequel des pâtes remplacent les légumes, ni les innombrables plats farcis, avec en tête les *dolmadhès*, les feuilles de vigne farcies (bien connues), suivies des aubergines, des poivrons, des tomates, des courgettes, des feuilles de chou, de rave, et d'une façon générale de tout ce qui peut être farci.

Le chapitre des poissons tient, il va de soi, la première place. Frit, grillé, mariné, farci, séché, salé, on vous le présentera, si l'on peut dire, à toutes les sauces. Aucune ne vous décevra. C'est en quelque sorte tous les parfums, toute la fraîcheur du large, accommodés d'une façon simple, pour rehausser les saveurs naturelles. Dans une taverne, un jour ou l'autre, on vous proposera la *marida*. C'est un plat populaire de poissons frits, arrosés de vin résiné. C'est à la fois âpre et délicieux, fort et subtil. Il faut en goûter au moins une fois.

Vous vous laisserez auparavant tenter par les *bourèki*, les feuilletés, qu'on prépare au fromage, au poulet, aux légumes.

PRÉTEXTES A LA CONVERSATION

Pour accompagner votre repas, vous boirez du vin. Les crus sont ici nombreux, et naturellement bons. Cependant, l'usage d'y ajouter de la résine par goût, et aussi pour les conserver, vous surprendra de prime abord. Si vous persévérez, vous en prendrez facilement l'habitude et vous serez séduit par l'âpreté qu'on découvre derrière l'alcool. Mais vous trouverez aussi des vins non résinés, blancs ou rouges, crus de l'Attique, de la Céphalonie, de Tégée, d'Achaïe, de Santorin, de Naoussa, et pour les vins de dessert les crus que vous connaissez peut-être déjà, le samos et le mavrodaphni.

Vous aurez dix fois l'occasion, dès la première semaine de votre séjour, de découvrir la *raki* (eau-de-vie de prunes aromatisée) et l'*ouzou* (eau-de-vie de marc aromatisée). Ce sont des prétextes commodes à la conversation, à l'amitié, à l'hospitalité. Et puis, cela va peut-être vous surprendre, mais goûtez l'eau, en Grèce. On vous en offrira, accompagnée d'un peu de confiture, d'un verre de raki ou d'une tasse de café, en guise de bienvenue, dans toutes les maisons particulières. Vous la boirez avec délice. Elle a une limpidité et une fraîcheur auxquelles vous rendrez grâce. Dans la région de Sparte, vous goûterez particulièrement les oranges et le miel. A Hydra, vous n'échapperez pas aux gâteaux aux amandes. A Corfou, vous serez guetté par les fraises des bois et les *koum kouat*, oranges miniatures confites. A Missolonghi, les *pétalia*, poissons séchés au soleil, feront vos délices. Chio vous proposera ses gibiers et ses succulentes confitures. A Skyros, vous ne vous lasserez pas des homards de l'île. En Crète, vous parcourrez la gamme des fromages, le *manouri*, l'*anthotyro*, le *mizythrà*, vous vous laisserez sûrement tenter aussi par le miel de Sphakia et par les *skaltsounia*, chaussons fourrés au fromage ou à la crème.

Nulle part, d'ailleurs, vous ne négligerez les pâtisseries ; partout elles sont excellentes. Les principales, vous les connaissez déjà : *baklava, kataîfi, kourabiès*. Accompagnées d'un café turc qui neutralise un peu le sucre, leurs parfums prennent toute leur puissance. Maintenant, ceux qui se refusent aux approches d'une cuisine à l'huile d'olive, qui réprouvent les oignons, les piments, les herbes n'auront aucun mal à trouver, du moins dans les restaurants (mais pas dans tous), cette cuisine d'inspiration internationale qui n'est jamais exactement partout la même, mais qui à coup sûr ferme la porte à une vérité : la cuisine, elle aussi, fait partie du génie d'un terroir.

Marchand de cruches, dans l'île de Poros.

Broches à rôtir, dans un restaurant d'Athènes.

DES TENTATIONS A CHAQUE PAS

Sans doute, la géographie gourmande ne masquera jamais le goût des achats. Souvent même ils vont de pair. La Grèce, de ce point de vue, offre un double avantage : celui du change d'abord, et celui du choix.

Dans ce pays qui a véritablement commencé à s'industrialiser il y a seulement une cinquantaine d'années, les arts populaires sont restés très vivaces. Vous vous en rendrez compte très vite. Au début du siècle encore, on portait partout le costume national, qui variait de région à région, d'île en île, et parfois même de village à village.

On tissait soi-même les tissus, qu'on brodait ensuite. Ce n'est pas si vieux, les habitudes ne sont pas perdues. A Jannina, en Crète, à Mykonos et dans d'autres îles, on vous proposera d'authentiques étoffes tissées à la main. De nombreux monastères, où les traditions sont conservées, deviendront pour vous des lieux de tentation.

Des étoffes brodées de soie, de coton, de laine, vous en trouverez pratiquement partout. Les motifs, les couleurs changeront. Cette variation des thèmes perpétue de très anciens usages profondément enracinés dans chaque région. Vos goûts personnels décideront s'il faut préférer ce qui se fait en Epire, dans les îles des Cyclades, dans le Dodécanèse ou en Crète, suivant que vous aimerez les motifs géométriques, les représentations réalistes ou stylisées d'animaux, de plantes ou d'oiseaux.

Devant les formes et les décorations des poteries, vous aurez le même choix à faire. Imitation ou copie des formes anciennes, décoration plus moderne, la poterie grecque tentera de vous séduire du début à la fin de votre séjour. Laissez-vous conseiller suivant que vous désirez rapporter un récipient pour l'eau, l'huile ou le vin. On ne perçoit pas toujours les subtilités qui se révèlent précieuses à l'usage.

Les objets de bois, et de bois sculpté,

Touristes à Délos.

cuillers, pichets, berceaux, manches de couteau, etc., qui sont toujours d'un usage quotidien, attirent parce qu'ils ont dans leur simplicité l'allure de ce qui est grec.

Pratiquement, dans chaque ville, et dans chaque village important, vous trouverez un forgeron. Rendez-lui visite ; moulins à café, mortiers en cuivre, casseroles, pots pour chauffer l'eau, poêles, clochettes, vous découvrirez des tas d'objets qui depuis longtemps ont déserté nos supermarchés et autres magasins à prix uniques pour trouver refuge dans les boutiques de nos antiquaires. C'est une course aux trésors que les dames pratiqueront sans relâche. Mais les boutiques des bijoutiers surtout les retiendront. Bagues, colliers, broches, d'argent ou d'or feront naître d'étonnantes connaissances. Elles diront qu'en moyenne c'est environ 20 p. 100 moins cher qu'en France. C'est vrai. Et ce qu'on verra tout de suite, c'est que le travail de ces bijoux est remarquable (certains sont encore faits suivant les pratiques de l'époque byzantine).

LA QUALITÉ LA PLUS RARE

La Grèce a étonné, bouleversé, subjugué, passionné des gens aussi différents que Barrès et Renan, Maurras et Lamartine, Valéry et Chateaubriand, Edmond About et Gérard de Nerval. La liste de

ses admirateurs, les textes qu'elle a inspirés, encore aujourd'hui, ne semblent pas avoir de fin. Chacun l'a vantée plus spécialement pour un charme auquel il était plus sensible. Aucun n'a négligé de dire la fascination qu'exerce le pays tout entier.

Aucun, non plus, n'a passé sous silence l'hospitalité de ses habitants, leur charme, leur gentillesse.

La Grèce de vos vacances est identique à celle qu'ils ont vue et chantée. Ce n'est pas parce que certains hôtels ont l'air conditionné, qu'en avion Rhodes est à deux heures d'Athènes et la Crète à une heure et demie, qu'on skie sur l'Olympe et que dans beaucoup d'endroits le jazz a remplacé les bouzouki, que les choses vont changer.

Les bouzouki, on peut encore les entendre ; ni la Crète ni Rhodes n'ont perdu leurs charmes ; l'air conditionné n'est pas désagréable.

Et même si, demain, les pétarades des vélomoteurs devaient briser le silence dans les coins les plus reculés de l'Archipel, si de la médiocre exploitation des charmes on devait passer à la publicité criarde (ce serait odieux), quelque chose demeurerait, dont la Grèce tout entière est pétrie ! un humanisme qui tente toujours d'améliorer l'homme et la vie humaine.

Quel plus beau prétexte aux vacances ?

157

INDEX
des principaux noms

Les chiffres en italique renvoient aux
légendes des illustrations.
Les chiffres en caractères gras indiquent
un paragraphe.
Les titres des œuvres sont en italique.

PHOTOGRAPHIES

Les chiffres entre parenthèses correspondent à la disposition des photographies numérotées de gauche à droite et de haut en bas.

Ambassade de Grèce, 39 (3). — **Association Guillaume-Budé**, 49 (2-3), 53 (1-2), 64 (1), 69 (2), 74 (1), 115 (4). — **Atlas Photo**, 74 (2), 94 (1-2) ; Adelmann, 63 (1) ; Lenars, 110 (1-5) ; Nestgen, 19. — Dr **X. Benardeau**, 129 (3), 130 (2-3), 131 (1), 133, 135 (1-3), 136 (2), 137 (1-2). — **Boudot-Lamotte**, 113 (5). — **P. H. Bruhnes-Delamarre**, 109 (3). — **Camera**, 21 (4). — **Cinémathèque française**, 131 (2). — **A. Don**, 72 (2). — **Giraudon**, couverture (2), 21 (3), 23 (2), 25 (2), 28 (1), 34, 56 (1), 57 (1), 109 (1-2), 111, 112 (3), 115 (1), 116 (1), 117, 120 (2), 121 (2), 122 (2-3), 124 (1-2-3-4), 129 (1), 134 (1-2-3), 139, 141 (1-3) ; Alinari, 21 (2), 25 (1), 112 (1), 113 (4), 119 (2), 120 (1), 128 (2), 129 (1), 135 (2), 136 (1) ; Anderson, 27, 114, 118, 130 (1), 138 ; Faille, 61 (1). — **Harissiadis**, 132, 140. — **M. Hétier**, 151. — **Holmes-Lebel**, couverture (3), 12 (2), 43 (1), 58, 59 (1), 66, 103 (2-3-4) ; Athens News Photo, 101, 142 ; Camera Press, 40 (2), 44 (1), 45, 56 (2), 60 (2), 95 (3), 97 (1), 154 (2) ; A. Carell, 112 (2) ; R. Conrad, 98 (1) ; Diane, 91 (3), 97 (2) ; Everets, 50 ; J. R. van Rollenghen, 95 (2) ; Sirman Press, 104 (2), 105 (1-2) ; Treatt, 107 (3) ; F. Viard, 16 (3), 42, 75, 149, 157 (2) ; S. Waagenaar, 85 (2), 108. — **Institut d'art de Marburg**, 116 (2). — **Intercontinentale**, 39 (4). — **Keystone**, 39 (2), 40 (3), 41 (1-2). — **J. Lacarrière**, 6-7, 8 (1), 80 (1), 81, 95 (1), 100 (2-3-4), 146 (2). — **Larousse**, 21 (1), 22, 23 (3), 26, 28 (2), 31 (2), 32 (2), 38 (2), 48 (2), 49 (1), 119 (1), 140 (1-2-3-4), 147 (1). — **L. Y. Loirat**, couverture (1-4), 2e garde, 2, 9, 10, 11 (1-3), 12 (1-3), 14 (1-2-3), 15, 16 (1-2), 18 (1-2-3), 40 (1), 43 (2), 44 (2), 48 (3), 51, 61 (2), 62, 65 (2-3), 68, 70, 73, 76, 77, 80 (1), 82, 83 (1-2-3-4), 84 (1-2), 85 (1-2-3), 86 (1-2-3-4), 87 (1-2-3-4), 88, 89 (1-2-3-4), 91 (4-7-8), 92 (1), 93 (2-3), 96 (2), 97 (3), 98 (3), 107 (2), 128 (1), 144 (1-2-3), 145, 146 (1), 147, 148 (2), 150 (1-3), 153 (1-2-3), 156 (1-2). — **S. Matuszek**, 11 (2), 52, 53 (3), 54, 63 (2), 156. — **J. Moreau**, 78 (1). — **Musée de Dresde**, 121 (1). — **Museum of Fine Arts, Boston**, 115 (3). — **P. Myloff**, 48 (1). — **Perrin**, 107 (1). — **Photo Express**, 20. — **Ramoz**, 21 (1). — **Rapho**, P. Boucas, 96 (1) ; D. Daar, 154 (1) ; L. Y. Loirat, 65 (1), 71 ; R. Merle, 99 (1) ; S. de Sazo, 13, 148 (1) ; Serraillier, 55, 67 (1) ; Silberstein, 57 (2), 150 (2) ; J. L. Swiners, 90 ; G. Viollon, 17, 59, 90 (1-5-6), 93 (1), 99 (2), 100 (1), 102 (1-2), 103 (1), 104, 152, 153 (4), 155 ; S. Weiss, 92 (3), 98 (2), 155 ; Scala, 106 (2-3-4), 122 (1), 123. — **G. Viollon**, 64 (2), 69 (1). — **Roger-Viollet**, 1re garde, 29 (1-2-3), 30, 31 (1), 32 (1-3-4-5-6), 33 (1-2), 35, 36 (1-2-3), 37 (1-2-3), 38 (1-3-4-5-6), 39 (1), 60 (1), 72 (1), 115 (2), 125.

La carte de la Grèce (p. 5) a été établie sous la direction de Jean Barbier ; les cartes des Grandes Etapes (p. 46) et des Vacances (p. 143) sont de Georges Pichard. La mise en pages est de Louis Gaillard.

Imprimerie ILTE, Moncalieri (Turin). — Dépôt légal 1966-2e. — No de série Editeur 8121. — IMPRIMÉ EN ITALIE (*Printed in Italy*). — 53 105 G-7-77